Ghazala Javed
Syed Abdul Majid

Controlo molecular da morfologia em Fig

Ghazala Javed
Syed Abdul Majid

Controlo molecular da morfologia em Fig

ScienciaScripts

Imprint

Cover image: www.ingimage.com

This book is a translation from the original published under ISBN 978-3-639-76845-9.

Publisher:
Sciencia Scripts
is a trademark of
Dodo Books Indian Ocean Ltd. and OmniScriptum S.R.L publishing group

120 High Road, East Finchley, London, N2 9ED, United Kingdom
Str. Armeneasca 28/1, office 1, Chisinau MD-2012, Republic of Moldova, Europe
Managing Directors: Ieva Konstantinova, Victoria Ursu
info@omniscriptum.com

Printed at: see last page
ISBN: 978-620-8-54351-8

Dedicado

Para os meus pais, professores

E a todos aqueles que me amaram

ÍNDICE DE CONTEÚDOS

RESUMO

O figo comum ou figo selvagem (*Ficus palmata* Forssk.) é uma árvore de tamanho moderado, pertencente ao género *Ficus* e incluída na família Moraceae, bem povoada em Azad Jammu e Caxemira. Produz frutos de cor violeta profunda a preta, que são utilizados há séculos na Europa e na Ásia para fins benéficos. Tem atraído uma atração considerável em todo o mundo, principalmente pelo seu valor nutricional e medicinal. *O Ficus palmata* tem uma ampla distribuição e é tradicionalmente utilizado em todo o mundo como medicamento, vegetal, alimento, forragem e lenha, etc. Os abundantes ecótipos de Ficus palmata que crescem naturalmente têm uma composição genética diversa com uma expressão bioquímica e nutricional diversa. Tendo em conta a importância global do *Ficus palmata* e a sua presença em Azad Kashmir como florestas selvagens em abundância, esta investigação foi conduzida para caraterizar o *Ficus palmata* de diferentes ecótipos prevalecentes em Azad Jammu e Caxemira com base em atributos arquitectónicos, bioquímicos, mineralógicos e moleculares. Na análise arquitetónica, foi estudada a estrutura da planta. Todos os parâmetros mostraram variações nos caracteres morfológicos e formaram variações significativas. Do mesmo modo, os diferentes ecotipos de *Ficus palmata* apresentaram resultados significativos na atribuição de parâmetros bioquímicos e mineralógicos. Os resultados bioquímicos e mineralógicos mostraram que *o Ficus palmata* é rico em nutrientes. Na análise bioquímica, o ácido ascórbico foi determinado pelo método do corante indofenol e o teor de óleo do fruto foi analisado utilizando o corante éter etílico como solvente num aparelho Soxhlet durante 6 horas a 30-40 °C. Os açúcares redutores e não redutores e as proteínas foram estimados utilizando o espetrofotómetro. O sumo de fruta contém acidez na ordem dos 6 por cento. A maior parte dos açúcares está na forma de açúcares redutores. No entanto, os frutos não são uma fonte rica de vitamina C e contêm apenas 3,35 mg de vitamina C por 100 g de polpa. O conteúdo proteico do fruto é de 3,28 por cento. O ecotipo 17 tem o valor máximo de proteína (3,289), enquanto o ecotipo 15 tem o valor mínimo de proteína (0,480). Os resultados mostraram o valor do teor de óleo no intervalo de 14,3 a 42,5% no fruto de *Ficus palmata*. O ecótipo 16 tem um teor máximo de óleo (42,167), enquanto o ecótipo 18 tem um valor mínimo (14,333). O estudo fornece provas da presença de ecótipos geneticamente diversos de *Ficus palmata* no Azad Jammu e Caxemira, com enormes valores bioquímicos e nutricionais. Os resultados do presente estudo justificam a utilização destes frutos na alimentação diária para fins nutricionais, bem como para fins medicinais e plantas medicinais no tratamento de diferentes doenças. Na estimativa de nutrientes minerais, os elementos minerais nos ecótipos foram encontrados em diferentes níveis, que desempenham um papel vital na cura de doenças. Os valores de fósforo variaram de 64,2 a 99,76 mg/100g. O valor mais alto foi mostrado por ecótipo E1 e o valor mais baixo foi mostrado pelo ecótipo E8. O valor mais alto de Cálcio foi apresentado pelo E4, que foi de 250,7 mg/ 100g. Os valores médios de cálcio variaram entre 175 e 250 mg /100g. O valor mais elevado de magnésio foi observado no ecótipo E18, com 102,7 mg/100g, e o valor mais baixo foi observado no ecótipo E13, com 76,4 mg/100g. Os valores de magnésio variaram de 62,4 mg/100g a 102,7 mg/100g. Os valores de ferro variaram de 1,4 a 3,53 mg/100g. O valor mais alto foi apresentado pelo ecótipo E23 e o valor mais baixo foi apresentado pelo ecótipo E15. Todos os ecótipos apresentaram diversidade nos teores de ferro. As caracterizações moleculares foram efectuadas utilizando primers ISSR e SSR. Todos os ecótipos estudados de *Ficus palmata* mostraram uma semelhança de 67% e uma diversidade genética de 33% utilizando primers SSR. Enquanto os ecótipos estudados de *Ficus palmata* apresentaram uma semelhança de 63% e uma diversidade genética de 37% com a utilização de primers ISSR. Todos os primers SSR e ISSR são fiáveis e complementares para a caraterização de *Ficus palmata.* O agrupamento e a PCA dos dados combinados revelaram uma estrutura genética única nesta população. Estes resultados sugerem que os modos de polimorfismo diferem devido à especificidade dos marcadores.

Capítulo 1

INTRODUÇÃO

As regiões montanhosas do Paquistão, incluindo o Baluchistão, Khyber Pakhtonkhwa, Azad Jammu e Caxemira e Gilgit-Baltistan, apresentam uma insustentabilidade particular, uma diminuição da riqueza do solo e um nível significativo de insegurança devido a declives acentuados, um quadro agrícola estagnado e não rentável. A miséria persiste em situações de montanha e a base de activos continua a dissolver-se a um ritmo preocupante. Conforme indicado pelo arranjo das Nações Unidas, o Paquistão está sob a classificação de países com baixos salários, apesar do fato de que as regiões montanhosas estão sob a classe mais baixa criada. Acompanhando essa gama de miséria e base de ativos dissolvida está o problema dos indivíduos da montanha. A circunstância é ainda mais terrível onde a geologia é dominante em inclinações íngremes que são minimamente protegidas com sertões e chuvas torrenciais aumentam a taxa de desintegração. O desenvolvimento da produção de cereais nestas encostas precárias não é viável e provoca avalanches e a pressão sobre o território cultivável. A rápida taxa de desenvolvimento da população aumentou a espessura da população numa área benéfica limitada (Jodhaet *al.*, 1992). Uma das alternativas para resolver estes problemas consiste em investigar as possibilidades ocultas das zonas setentrionais e da Caxemira Azad, de modo a diferenciar o quadro da agricultura tradicional e a criar mais oportunidades financeiras (Ahmad e Shah, 1999). Um dos segmentos de métodos para vencer as questões acima mencionadas é a decisão de espécies de plantas que podem racionar os terrenos corrompidos a longo prazo e que podem despoletar o início do movimento monetário transitório para as massas pobres destas regiões montanhosas.

As zonas setentrionais do Paquistão e de Azad Kashmir foram honradas com uma enorme variedade de verdura de tremenda qualidade, que é inesgotável e rica em qualidades hereditárias diferentes e constituintes bioquímicos de importância terapêutica.

O Estado de Azad Jammu e Caxemira situa-se entre a longitude 73° - 75°e a latitude 33°- 36°e abrange uma área de 5134 milhas quadradas (13 297 quilómetros quadrados). A topografia da área é maioritariamente montanhosa, com vales e extensões de planícies. A área está repleta de beleza natural com florestas densas, rios de caudal rápido e riachos sinuosos. Os principais rios são o Jehlum, o Neelum e o Poonch. O clima é do tipo subtropical das terras altas, com uma precipitação média anual de 1300 mm. A altitude varia entre 360 metros no Sul e 6325 metros no Norte. De acordo com o recenseamento da população de 1998, o Estado de Azad Jammu e Caxemira tinha uma população de 2 973 habitantes, que se estima ter aumentado para 3,4 milhões em 2004. Quase 100% da população é muçulmana. O rácio entre a população rural e urbana é de 88:12. A densidade populacional é de 258 pessoas por quilómetro quadrado. A taxa de alfabetização aumentou de 55% para 60% após o recenseamento de 1998. A taxa de mortalidade infantil é de aproximadamente 56 por 1000 nados vivos, enquanto a taxa de imunização das crianças com menos de 5 anos de idade é superior a 88%.

A maioria da população rural depende da silvicultura, da pecuária e da agricultura para a sua subsistência. Estima-se que o rendimento médio per capita se situe entre 600 e 5.000 dólares americanos. A taxa de desemprego é de 35 a 50%. Em conformidade com as tendências nacionais, os indicadores de melhoria do sector social, em especial a saúde e o bem-estar da população, não revelaram grandes progressos. No passado recente, foram envidados esforços para colmatar esta deficiência, o que trará os frutos do desenvolvimento ao homem comum. A área cultivada é de cerca de 166 432 hectares (quase 13% da área total), dos quais 92% da área cultivável é de sequeiro.

Cerca de 845 agregados familiares têm propriedades muito pequenas, entre um e dois hectares por família. De acordo com o recenseamento agrícola de 1990, a dimensão média das explorações agrícolas é de apenas 1,2 hectares. As principais culturas são o milho, o trigo e o arroz, enquanto as culturas secundárias incluem os legumes, as gramíneas, as leguminosas (lobia vermelha) e as sementes oleaginosas. Os principais frutos são a maçã, a pera, o alperce e a noz. O rendimento do agregado familiar varia entre 30-40%, enquanto a parte restante provém de outras fontes, incluindo emprego e negócios, etc. A redução da produtividade agrícola afectou negativamente o estilo de vida tradicional e o rendimento médio per capita das famílias rurais. Cerca de 42% da área geográfica total (aproximadamente 0,6 milhões de hectares) é controlada pelo Departamento Florestal. O volume e a área per capita em pé são de 400 pés e 0,2 hectares, respetivamente. A procura anual de madeira é de 1,65 milhões de metros cúbicos e a produção sustentável é de 0,7 milhões de metros cúbicos (Anon., 2007).

A história da medicina e da cirurgia remonta talvez à origem da raça humana. A utilização de plantas como fonte de medicamentos foi herdada e é uma componente importante do sistema de cuidados de saúde em diferentes países do mundo. A medicina tradicional Unani faz parte da cultura paquistanesa. O Paquistão está incluído nos países onde a medicina tradicional Unani é praticada popularmente entre o grande segmento da população, o sistema de medicina Unani originário da Grécia foi encontrado por antigos filósofos gregos. Foi documentado e adotado pelos muçulmanos no período glorioso da civilização islâmica. O sistema de medicina Unani foi trazido para o subcontinente Indo-Paquistanês por estudiosos muçulmanos e praticado durante séculos. Beneficiou do sistema de medicina Ayun, que era uma componente importante da civilização Hindu. A medicina tradicional Unani depende em grande medida das plantas medicinais, para além dos animais e dos minerais (Goodman *et al.*, 1998). Assim, apesar do rico património de conhecimentos sobre a utilização de drogas vegetais, foi dada pouca atenção ao seu cultivo no país até à última parte do século XIX. O Paquistão é dotado de uma biodiversidade única, que inclui diferentes zonas climáticas e uma vasta gama de espécies vegetais. O país tem cerca de 6000 espécies de plantas silvestres, das quais cerca de 600 são consideradas medicamente importantes (Hamayunet *al.*, 2005). As áreas do norte do Paquistão, incluindo Himalaia, Karakarum, Hindukush e Caxemira, estão sob enorme pressão da população local em geral e dos visitantes em particular. Isto deve-se ao desenraizamento indiscriminado, à má recolha e aos métodos de armazenamento de plantas medicinais. Numa época em que as drogas tóxicas são cada vez mais indesejadas e em que as pessoas pensantes estão a utilizar alternativas viáveis, o património medicinal do Paquistão deve ser documentado, salvo e utilizado. Durante a última década, registou-se um aumento dramático das exportações de plantas medicinais, o que demonstra o interesse mundial por estes produtos, bem como pelos sistemas de saúde tradicionais. Mas com a maioria destas plantas a serem retiradas do seu meio natural, centenas de espécies estão agora ameaçadas de extinção devido à colheita excessiva, a técnicas de recolha destrutivas e à conversão de habitats para uma agricultura baseada em culturas. Assim, torna-se necessário conservar, cultivar e utilizar corretamente as plantas medicinais para o desenvolvimento sustentável do país.

Esta gama anatómica em populações vegetais saudáveis tem sido notavelmente em grau bastante elevado na década de 1970, isozima deliberada ou não acabou por ser feita. Este específico trouxe este geneticista ecológico para estudar sua ligação entre o número de alternativas anatômicas, ecológicas, além de atributos de herança vitalícia de vários tipos de vegetais (Loveless além de Hamrick 1984, Hamrick além de Godt (1989 e 1996). Apesar de os indicadores morfológicos e bioquímicos terem sido utilizados para investigar esta versão de um dos muitos genótipos no passado, antes do avanço da biologia molecular, a gama morfológica e bioquímica de quase todos os tipos de vegetais precisa de uma prova credível para ser anunciada enquanto geneticamente vários germoplasmas (Shah *et al.*, 2009). Este retrato relativo ao germoplasma é crucial para a identificação dos genótipos pessoais, bem como da variabilidade que existe entre muitos acessos relativos à mesma espécie/genótipo. Para a elucidação da gama anatómica e bioquímica, esta descrição dos genótipos com ficheiros organizados sobre as pessoas é muito valiosa. Esta informação completa obtida facilita aos criadores, geneticistas e conservacionistas a utilização eficiente e adequada destas fontes anatómicas úteis (Vijayanet *al.*, 2005).

Estes relatórios morfológicos exigem um criador molecular credível para ajudar a autenticar esta informação. Ao usar o avanço em relação aos indicadores moleculares, tornou-se fácil caraterizar essas instalações no DNA, além do cronograma de proteínas da saúde. Os resultados através deste tipo de relatórios têm consideravelmente mais posição e são aprovados tecnicamente. Fufaet *al.*, 2005, encorajaram que os efeitos dependentes da base morfológica não são capazes de mostrar suficientemente estas diferenças anatómicas, uma vez que o aspeto geral fenotípico do vegetal pode ser enormemente inspirado pela atmosfera. Os planos de propagação regulares com vista a melhorar os atributos quantitativos exigem um grande número de trabalho, área e dinheiro. Estes criadores de vegetais estão geralmente à procura de selecionar os genótipos mais adequados logo que possível para evitar perder o máximo de tempo no método de propagação. A seleção assistida por impressões digitais dá a estes indivíduos a possibilidade de utilizar ferramentas de biologia molecular para ajudar a triunfar sobre estes objectivos multidimensionais. Os indicadores moleculares são geralmente uma alternativa excecional à disposição dos criadores de vegetais para selecionar atributos anatómicos eficazes tanto em plantas como em espécies florestais (Ender *et al.*, 2008; Knol in addition to Ejeta 2008; Davis *et al.*, 2006; Wilde *et al.*, 2007, Bohn *et al.*, 1999) e também para avaliar esta possibilidade anatómica em relação a genótipos específicos antes da avaliação fenotípica (Gephardt *et al.*, 2004). Esta tática molecular de avaliação do alcance anatómico tem-se revelado cada vez mais útil na identificação do germoplasma. (Morellet *al.*,

1995; Welsh e McClelland 1991). Este isozyme, deliberado ou não, nos anos 70, deu origem a um número excessivo de gama anatómica em populações vegetais saudáveis. Este tipo de relatórios levou os geneticistas ecológicos a avaliar a sua ligação entre o número de alternativas anatómicas e os atributos ecológicos e de herança vitalícia de numerosos tipos de vegetais. Estas diretrizes preferem a seleção física, a submissão local, a forma de vida, a forma de duplicação, a técnica de propagação, o processo de dispersão de sementes e a reputação sucessional têm permitido estimativas em relação à construção anatómica dos habitantes (Williams *et al.*, 1990). De tempos a tempos, este tipo de diretrizes conduzem este cientista para ajudar a conclusão mais baixa e a conjetura tornar-se-á mais difícil.

A flora de AzadJammu e Caxemira, devido às suas condições climáticas diversas e às suas muitas regiões ecológicas, é rica em plantas medicinais.

com uma variedade colossal de vegetação de enorme qualidade, que é inesgotável e

rico em diferenças hereditárias e constituintes bioquímicos de importância restauradora

As plantas medicinais importantes eram *Bauhinia variegata, Cassia fistula, Bombax ceiba, Calotropis procera, Carissa opaca, Adhatoda vasica, Albizia lebbeck, Colebrookea oppositifolia, Dalbergia sissoo, Dodonaea viscosa, Ficus palmata, Ficus racemosa, Lantana camara, Melia zedarach, Phyllanthus emblica, Punica granatum, Rubus ellipticuse Viburnum cotinifolium* e as plantas não medicinais eram *Jasminum humile*, *Pinus roxburghii*, *Caryopteris grata*, *Debregea siasalicifolia* e *pashia* (Khan, 2010).

Ficus palmata Forssk.é um dos frutos mais saborosos que se encontram em estado selvagem na região média dos Himalaias. As plantas de figo selvagem são muito comuns em locais até 1.550 metros acima do nível do mar. Estas árvores raramente se encontram nas florestas, mas crescem à volta das aldeias, em terrenos baldios, campos, etc. Os frutos são muito apreciados pela população, sendo também postos à venda. Os frutos de *Ficus palmata* Forssk. contêm principalmente açúcares e mucilagem e actuam como demulcentes e laxantes. São utilizados principalmente como alimento em casos de prisão de ventre e nas doenças dos pulmões e da bexiga. Também são utilizadas como cataplasma (Kirtikar e Basu, 1935).

O Ficus palmata Forssk. é um fruto muito saboroso. É muito apreciado por todos. Também se encontra à venda em certos locais. O figo é um fruto muito sumarento e, por isso, só pode ser vendido no mercado local. É necessário trabalhar na uniformização das técnicas de fabrico de vários produtos, como a abóbora, a compota e a geleia deste fruto. A desidratação, que é comum no caso do figo cultivado, deve ser tentada também neste caso. Os frutos crus, juntamente com o novo crescimento, são usados como um vegetal pelos aldeões no início da primavera. Primeiro são cozidos e depois a água é retirada por espremedura. Este fruto tem um campo de cultivo que deve ser alargado. Existe uma variação considerável no tamanho e na qualidade do fruto entre as diferentes árvores. Devem ser selecionados bons tipos para propagação. Tendo em conta a importância global de Ficus *palmata* e a sua presença em Azad Kashmir como floresta selvagem em abundância, esta investigação de doutoramento foi conduzida com base nos seguintes objectivos

1) Recolha de *Ficus palmata* de várias zonas de Azad Jammu e Caxemira para refletir sobre a morfologia e os atributos físicos, analisando a sua execução relativa e as diferentes qualidades entre elas.

2) Analisar as diferentes qualidades dos ecótipos utilizando parâmetros bioquímicos para os metabolitos facultativos da planta de importância comercial.

3) Avaliar as diferenças genéticas entre os ecótipos escolhidos de Ficus *palmata* utilizando marcadores moleculares e analisar as qualidades morfológicas, bioquímicas e moleculares variadas a utilizar como reserva de qualidade para a mudança de *Ficus palmata* no Paquistão.

4) Sugerir e instalar os ecótipos mais adequados para as inclinações delicadas da Azad Jammu e Caxemira.

Capítulo 2

REVISÃO DA LITERATURA

2.1 GENERALIDADES

Um grande número de indivíduos no mundo não tem alimentação suficiente para satisfazer os seus pré-requisitos quotidianos e mais indivíduos são insuficientes em um ou mais micronutrientes (Hussain *et al.*, 2011). Por conseguinte, regra geral, os grupos provisórios dependem de bens selvagens, incluindo plantas silvestres consumíveis, para satisfazer as suas necessidades alimentares em tempos de emergência de sustento. O termo 'alimentação selvagem' é utilizado para descrever todos os activos vegetais fora das regiões agrárias que são recolhidos ou reunidos com o objetivo final de utilização humana em bosques, savanas e outros territórios de terra arbustiva. A sustentabilidade selvagem está integrada nas técnicas de trabalho típicas de numerosos indivíduos provinciais, cultivadores móveis, cultivadores incessantes ou recolectores. De uma grande parte dos milhões de tipos de plantas existentes na Terra, apenas cerca de 3.000 espécies foram utilizadas como produtos agrícolas e 150 espécies de plantas foram desenvolvidas em bases comerciais (Heywood, 1999). Apesar da dependência essencial das ordens sociais agrárias em relação às plantas de rendimento, o costume de comer plantas silvestres não desapareceu totalmente. A confirmação mostra que mais de 300 milhões de indivíduos em todo o mundo contemporâneo retiram parte ou a maior parte do seu trabalho e da sua alimentação das florestas (Pimentel *et al.*, 1997). A parte saudável e as vantagens médicas dos bens de sustento selvagens têm sido contabilizadas em numerosas análises em todo o mundo (Ansari *et al.*, 2005; Balemie *et al.*, 2006; Pieroni *et al.*, 2002 e Della *et al.*, 2006). Numerosas plantas silvestres consumíveis, ricas em substâncias saudáveis (Stare e Grivetti, 1985), são essenciais como suplementos alimentares, fornecendo componentes, vitaminas e minerais. No entanto, a utilização é resolvida menos por informações calóricas e mais pela alegria de bens silvestres de ocasião social, reproduzindo práticas habituais e obtendo uma carga de sabores de marca registada (Pardo-de-Santayana *etal.*, 2007, Gul *et al.*, 2012). Tanto as plantas de sustento como as plantas restauradoras têm empregos interventivos. Isto existe maioritariamente em convenções indígenas e próximas. A alimentação pode ser utilizada como prescrição e vice-versa. No entanto, certas plantas silvestres consumíveis são utilizadas tendo em conta as suas vantagens médicas aceites e, desta forma, podem ser designadas por alimentos terapêuticos (Etkin, 1994). A aprendizagem destes alimentos é uma informação habitual que é, em grande medida, transmitida através do apoio de pessoas de unidades familiares (Misra *et al.*, 2008). É da maior importância adquirir informação sobre as utilizações bem conhecidas das plantas silvestres consumíveis antes que esta aprendizagem desapareça. Em muitas regiões do mundo, estas convenções correm o risco de desaparecer e, consequentemente, existe uma necessidade significativa de estudar estes quadros de aprendizagem e de encontrar métodos imaginativos para os misturar com as eras futuras (Pieroni *etal.*, 2012). As plantas silvestres palatáveis têm sido, de forma fiável, fundamentais nas convenções das pessoas. Por outro lado, a alimentação e o uso restaurador destas plantas têm sido duas das explicações mais pertinentes e fiáveis por detrás da conhecida administração de plantas. É por isso que o exame etno-coordenado é excecionalmente valioso na revelação e melhoria de novos medicamentos e recursos alimentares. Embora numerosas análises etno-botânicas tenham sido efectuadas por diversos especialistas (Abbasi *et al.*, 2012; Hazarat *et al.*, 2011; Abbasi *et al.*, 2010; Ajaib *et al.*, 2010; Abbasi *et al.*, 2009; Hussain *et al.*, 2008 e Gilani *et al*, 2006) em regiões distintas dos Himalaias Menores, mas, tanto quanto se sabe, não foi efectuado nenhum exame eficaz sobre a capacidade etnoterapêutica de alimentos comestíveis selvagens cultivados no solo dos Himalaias Menores, no Paquistão (Shaheen *et al.*, 2012). Neste contexto, o presente estudo é a primeira referência com ênfase específica nas utilizações habituais de alimentos silvestres consumíveis cultivados a partir do solo, uma vez que existe uma perda emocional da aprendizagem convencional no que respeita às plantas silvestres comestíveis.

2.2 ESTATUTO DO FIGO NAS PLANTAS SELVAGENS

Os figos (espécies *Ficus*, Moraceae) estão entre os maiores géneros de angiospérmicas com mais ou menos 750 tipos de árvores, epífitas e arbustos em zonas tropicais e subtropicais de todo o mundo. Frodin (2004) posicionou-os como a vigésima primeira maior classe de plantas com sementes. *Ficus* é um destaque entre os géneros de plantas mais diferentes no que diz respeito à propensão para o desenvolvimento, com árvores de folha caduca e de folha perene, pequenos arbustos, trepadeiras, trepadores, estranguladores, reófitos e litófitos (Harrison, 2005). A região asiático-australiana possui a vegetação de figueiras mais rica e diferente, com mais de 500 espécies. Por outro lado, a extravagância dos *Ficus* em África e nos Neotrópicos é menor, com cerca de 110 e 130 espécies, separadamente. Geralmente, uma grande parte das espécies de *Ficus* são monóicas e as restantes são praticamente dióicas (Berg, 2003; Berg e Corner, 2005).

2.3 *FICUS PALMATA* FORRSK.

Ficus palmata Forssk.normalmente conhecida como "Fegra Fig" pertence ao grupo das Moraceae ou Urticaceae. Observa-se que está a desenvolver-se de forma selvagem na região dos Himalaias, pelo que é adicionalmente designada por Wild Himalayan Fig e é principalmente o local das áreas do Noroeste da Índia e do Rajastão. As plantas de Fegra são de ocorrência normal em pontos até 1.000 metros acima do nível do oceano. Estas árvores encontram-se, por vezes, em zonas florestais, mas desenvolvem-se bem em redor das cidades, em terrenos baldios, campos, etc. (Parmar *et al.*, 1998 e Chopra *etal.*, 1986)

2.3.1Morfologia

A planta é uma árvore de folha caduca. A altura da planta é de 6 a 10 m (30 pés aprox.). As folhas são cambiais, largas, aplainadas e membranosas, com um tamanho de 12,92 cm de comprimento e 14,16 cm de expansão. As flores são unissexuais, monóicas (as flores individuais são masculinas ou femininas, mas ambos os géneros podem ser encontrados na mesma planta), branco-esverdeadas e pequenas. O produto natural é Syconoid, a largura normal do produto orgânico é de 2,5 cm. O peso do produto natural é de 6 gm. A tonalidade varia do violeta profundo ao escuro. As sementes são variadas, redondas e pequenas. Os solos são favoráveis aos solos ligeiros (arenosos), médios (argilosos) e muito pesados (terra batida). As plantas são obrigadas a utilizar solos muito empobrecidos e podem desenvolver-se em solos saudáveis e pobres. As plantas inclinam-se para solos corrosivos, apartidários e fundamentais (básicos). Não pode desenvolver-se à sombra. A planta é resistente a solos secos ou encharcados e pode suportar a estação seca (Parmar *et al.*, 1982).

2.3.2 Distribuição

Ficus palmata é um figo silvestre profundamente variável e regular que ocorre nas encostas do Noroeste, em declives quentes e secos, em solos lamacentos de topo, em Uttarakhand, Punjab e Caxemira, na Índia, Nepal, Paquistão, Afeganistão, Irão, Landmass dos Beduínos, Somália, Sudão, Etiópia e Sul do Egito. (Parmar *et al.*, 1982)

2.3.3 Época de floração e frutificação

A floração começa na primavera e prolonga-se até ao fim de abril. A época de frutificação começa a partir da segunda quinzena de junho e precede até à primeira grande parte de julho.

2.3.4 Componentes químicos

Os produtos orgânicos são suculentos, contendo 45,2% de sumo extraível e 80,5% de humidade. A substância agregada de sólidos solventes do sumo é de 12,1%. O sumo do produto natural contém cerca de 6% de açúcares agregados. A substância pectina do produto natural é de 0,2%. Os produtos naturais não são a fonte mais rica de vitamina C e contêm apenas 3,3 mg de vitamina C por 100 g de puré. A substância proteica do produto natural é de 1,7% e a substância em pó é de 0,9%. Uma porção dos componentes minerais como o fósforo, o potássio, o cálcio, o magnésio e o ferro foram observados como sendo 0,034, 0,296, 0,071, 0,076 e 0,004% separadamente. (Chopra *et al.*, 1986)

2.3.5 Utilizações comestíveis

Todo o produto biológico, juntamente com as sementes, é saboroso. O produto natural é bruto e extremamente saboroso. É doce e suculento, com uma certa adstringência, que se deve à proximidade de um látex branco logo abaixo do epicarpo. A adstringência pode ser eliminada mantendo os produtos naturais embebidos em água durante cerca de 10 a 15 minutos antes de os comer. A qualidade geral dos produtos biológicos é excelente. Os produtos não maduros do desenvolvimento do solo são cozinhados e consumidos como legumes. São aquecidos, a água é evacuada por prensagem e são depois friccionados. Utilizações restaurativas (Yogesh *et al.*, 2014).

2.3.6 Utilizações medicinais

O produto natural é demulcente, emoliente, diurético e cataplasma. São utilizados principalmente como parte da rotina alimentar no tratamento de bloqueios e infecções dos pulmões e da bexiga. A seiva é utilizada como parte do tratamento de verrugas. A planta *Ficus palmata* é utilizada como parte de diferentes infecções, por exemplo, gastrointestinal, hipoglicémica, contra tumores, hostil a úlceras, contra diabéticos, redução de lípidos e exercícios antifúngicos. Geralmente, o látex do caule está ligado a espinhos concentrados profundamente parados na carne. (Hedrick 1972 e Al-Musayeib2012)

Ficus palmata é uma planta herbácea duradoura que se enquadra na família Moraceae, mas os produtos biológicos são também utilizados como vegetais secos. *O Ficus palmata* é um produto natural extremamente delicioso. É muito apreciado por todos, o figo é um alimento folhoso excecionalmente delicioso ao institucionalizar as estratégias para fazer diferentes itens, por exemplo, abóbora, pau e compota deste produto orgânico. A planta *Ficus palmata* é utilizada como parte de diferentes infecções, por exemplo, gastrointestinal, hipoglicémica, insulinase, hostil ao tumor, contra a úlcera, hostil ao diabético, redução de lípidos e exercício antifúngico. *Ficus* é a variedade da família Moraceae que engloba cerca de 800 espécies (Harrison, 2005). Uma grande parte dos indivíduos da tripulação são árvores altas, arbustos e, de vez em quando, ervas frequentemente com sumo suave (Hutchinson *et al.*, 1958). Várias espécies de *Ficus* são utilizadas como parte da solução da sociedade como hostil ao tumor, calmante e medicamento tónico (Lansky *et al.*, 2008; Kitajima *et al.*, 1999) Doenças microbianas, por exemplo, epilepsia e iterícia (Noumi e Fozi, 2003; Betti, 2004), bronquite, gripe convulsa, amigdalite, dor de dentes, soltura bacilar dos intestinos, enterite e feridas são igualmente tratadas com *Ficus* remove. Foram igualmente relatados exercícios de prevenção do cancro com *Ficus* separates. (Abdel-Hameed, 2009). A auditoria de substâncias na classe Ficus revela a proximidade de esterois e/ou terpenos (Kuo e Li, 1997; Kuo e Chaiang, 1999), cumarinas (Chunyan *et al.*, 2009), glicosídeos furanocumarínicos (Chang *et al.*, 2005), isoflavonas (Li e Kuo, 1997), lignanas (Li e Kuo, 2000) e cromona (Basudan *et al.*, 2005).

O Ficus palmata é utilizado como lenha e geralmente utilizado para o tratamento bem sucedido de numerosas doenças, nomeadamente doenças de pele, micose, doenças de feridas e hemorróidas (Manandhar, 1995 e Sabeen e Ahmad, 2009). O produto orgânico figo (*Ficus palmata*) é um alimento extremamente nutritivo e é utilizado como parte de artigos mecânicos sob diferentes estruturas, ou seja, estaladiço, seco e enlatado, carregado com nozes, protegido com chocolate ou aromatizado de diversas formas (Guasmi *et al.*, 2006; Palopoli, 1990). Ficus cordata Thunb (Moraceae) é uma árvore da savana com cerca de dez metros de altura que se encontra no Senegal, em Angola, na África do Sul e nos Camarões (Sabatie, 1985). As folhas desta planta são utilizadas contra hiperestesia, ataxia, tremor muscular e movimentos de amortecimento e podem abater vitelos 48 horas após a ingestão (Poumale *et al.*, 2008). Exames etnofarmacológicos adicionais demonstraram que a casca do caule desta planta é utilizada por alguns curandeiros habituais do oeste dos Camarões para o tratamento da iterícia; que pode ser um efeito secundário de algumas doenças hepáticas relacionadas (Donfack, 2011).

2.4 DIVERSIDADE GENÉTICA

A caraterização e avaliação da diversidade genética é o primeiro passo na conservação e utilização de espécies de plantas medicinais indígenas. O retrato e a avaliação das diferentes qualidades hereditárias é a fase inicial na preservação e utilização de espécies de plantas terapêuticas indígenas. Além disso, a estimativa das diferentes qualidades hereditárias é essencial para o melhoramento de qualquer espécie ou material hereditário. Os marcadores moleculares têm sido utilizados com o objetivo de descrever plantas terapêuticas e avaliar as diferenças hereditárias dentro e entre genótipos de plantas medicinais, utilizando diversos métodos de PCR à luz dos genomas atómico e/ou mitocondrial (Akbulut *et al.*, 2009). As qualidades hereditárias variadas em populações regulares de plantas encontravam-se num estado anormal nos anos 70, quando foram efectuados exames de isozima. Este facto levou os geneticistas ambientais a contemplar a relação entre os níveis de variedade hereditária, os atributos naturais e a história de vida de numerosas espécies de plantas (Hamrick e Codt 1989 e 1996).

Independentemente da forma como os marcadores morfológicos e bioquímicos eram utilizados para pensar nas variedades entre os genótipos no passado, antes da chegada da ciência atómica, as qualidades morfológicas e bioquímicas variadas de qualquer espécie de planta obrigam a uma prova sólida para serem proclamadas como germoplasma hereditariamente diferente (Shah *et al.*, 2009). A representação do germoplasma é fundamental para a prova de distinção dos genótipos individuais e da variabilidade que existe entre os aumentos da mesma espécie/genótipo. Para a ilustração de qualidades hereditárias e bioquímicas diferentes, a representação de genótipos com informação eficiente de caracteres é muito útil. Os dados exaustivos obtidos ajudam os reprodutores, os geneticistas e os progressistas a utilizar de forma produtiva e bem sucedida os activos hereditários significativos (Vijayan *et al.*, 2005). O cultivador de plantas necessita de ligações hereditárias validadas de genótipos, essenciais para a execução de qualquer projeto de cultivo. O germoplasma pode ser distinguido através da aplicação de uma metodologia subatómica (Morell *et al.*, 1995,

Walsh e Micclelled 1991, William *et al.*, 1990). A informação sobre a relação hereditária entre os genótipos antes de iniciar um projeto de reprodução ajuda o criador a tomar uma atitude fantástica para alcançar os destinos desejados (Li *et al.*, 2000, Yao e Tigerstedt, 1992) salientaram a importância das qualidades hereditárias variadas na criação e escolha do espinheiro-marítimo e a variedade clinal de caraterísticas morfológicas como o desenvolvimento, a disposição, a altura das plantas, etc., que regem a troca de sementes e plantas e também a apresentação das plantas. A informação sobre a disseminação de qualidades hereditárias variadas dá uma ajuda para a administração perspicaz dos bens hereditários das espécies nos poderosos programas de proteção. A desintegração hereditária das espécies vegetais devido ao uso indevido e a menor informação sobre as qualidades hereditárias variadas dos bens comuns requerem uma compreensão inequívoca da estrutura hereditária das populações normais de diversas espécies ou subespécies para criar projectos de reflorestação que orientem a administração destes bens. Raun e Li (2009) referiram que as avaliações baseadas na morfologia das plantas não podiam revelar satisfatoriamente os contrastes hereditários entre os genótipos de figo, uma vez que as caraterísticas fenotípicas são excecionalmente afectadas pelas condições naturais. Os marcadores sub-moleculares não são afectados pela terra e podem ser utilizados para examinar as caraterísticas identificadas com doenças e outras de importância crítica (Bohn *et al.*, 1999)

2.5 CARACTERÍSTICAS ARQUITECTÓNICAS

As representações da arquitetura vegetal são geralmente utilizadas para modelar a estrutura e a função das plantas, por exemplo, a repartição do carbono, a transferência de água, a absorção e o crescimento das raízes, a análise arquitetónica, a interação com o microambiente, a mecânica da madeira, a ecologia e os modelos de desenvolvimento ou visuais. Dado que as linguagens e os objectivos são bastante diferentes de uma aplicação para outra, foi proposta uma grande variedade de representações, utilizando diferentes formalismos e com diferentes propriedades. Uma abordagem semelhante foi seguida para os modelos de crescimento das plantas por Kurth, que propôs uma classificação dos modelos em 3 categorias principais: modelos agregados (modelos estatísticos de populações), morfológicos (utilizando a modularidade das plantas) e de processo (de base fisiológica). Room *et al.* propuseram uma classificação baseada na presença ou ausência de informação topológica e geométrica nos modelos. Embora a noção de arquitetura vegetal seja frequentemente utilizada na literatura, não existe uma definição universalmente aceite. O entendimento deste conceito varia consoante o contexto. Alguns autores utilizam o termo arquitetura de forma explícita. Segundo Halle *et al.*, a expressão "arquitetura vegetal" é frequentemente utilizada para designar o modelo arquitetural de uma espécie arbórea, ou seja, a descrição dos padrões de crescimento de um indivíduo ideal de uma espécie (*Barthelemyetal.*,1991) ou em domínios de modelização (Reffyeet *al.*, 1997). Neste contexto, a arquitetura vegetal refere-se a um conjunto de regras que exprimem a estrutura e o crescimento dos indivíduos de um grupo identificado, em média, em condições não limitantes. No entanto, a frase também pode ser usada no mesmo contexto para se referir à expressão estrutural do processo de crescimento de um determinado indivíduo. Neste caso, o termo "arquitetura da planta" designa a estrutura tridimensional de um indivíduo, e inclui tanto a disposição topológica dos componentes da planta como os seus caracteres geométricos grosseiros (por exemplo, componentes ortotrópicos *vs.* plagiotrópicos). Este segundo significado está mais próximo do proposto por Ross, para quem a arquitetura vegetal é entendida como "um conjunto de caraterísticas que definem a forma, o tamanho, a geometria e a estrutura externa de uma planta", colocando assim uma ênfase considerável na geometria dos indivíduos (Sinoquet *et al.*,1998, Takenaka *etal.*,1994). São utilizados significados semelhantes em vários outros domínios da investigação sobre as plantas, por exemplo na hidráulica (Tyree *et al.*,1991, Zimmermann *et al.*,1978), na modelação do crescimento das plantas (Reffye *et al.*,1997), na medição das plantas (Sinoquet *et al.*,1992, Smith *et al.*,1998)e na repartição do carbono (Perttunen *et al.*,1996).

2.6 ATRIBUTOS BIOQUÍMICOS

Changwei *et al.*, (2008) estudaram a Avaliação das actividades antioxidantes e antibacterianas de *Ficus microcarpa* e descobriram que as actividades antioxidantes e antibacterianas foram avaliadas pelos extractos de *Ficus microcarpa*, que é uma das plantas medicinais tradicionais e aditivos alimentares em Okinawa, Japão. Os resultados mostraram que os extractos metanólicos da casca, dos frutos e das folhas de *F. microcarpa* apresentavam excelentes actividades antioxidantes e também possuíam atividade antibacteriana contra bactérias Gram-positivas e Gram-negativas testadas. A fração de acetato de etilo do extrato da casca (BE) exerceu fortes efeitos antioxidantes e antibacterianos e continha uma elevada quantidade de fenólicos totais.

Baltrusaityteet *al.*,(2007) estudaram a atividade de eliminação de radicais de diferentes extractos fenólicos de mel e de pão de abelha de origem floral e concluíram que as espécies de Ficus contêm glicosídeos flavanóides, alcalóides, ácidos fenólicos, esteróides, saponinas, cumarinas, taninos, triterpinoides - ácido oleanólico, ácido rusólico, ácido α-hidroxi-ursólico, ácido protocatecuico, ácido maslínico. Os constituintes não enzimáticos incluem compostos fenólicos, flavonóides e vitamina C . Os constituintes enzimáticos presentes são a ascorbato-oxidase , a ascorbatoperoxidase , a catalase , a peroxidase . Os compostos fenólicos presentes são o ácido gálico e o ácido elágico . As furanocumarinas registadas são o psoraleno e o bergapten.

Higa *et al.*, (1987) Estudos sobre os constituintes de *Ficus miceocarpa* L.F. I. Triterpenóides das folhas e afirmaram que foram descritas várias acções farmacológicas para *F. exasperata*, tais como actividades anti-úlcera, anti-diabéticas, de redução de lípidos e antifúngicas. O extrato etanólico das folhas de F.exasperata apresenta atividade antibacteriana. As folhas apresentam uma atividade hipotensiva.

Kuo, Y. H., e Li, Y. C. (1997) trabalharam sobre os constituintes da casca de *Ficusmicrocarpa* L.. e descobriram que os extractos de frutos de *F. sycomorous* L., *F. benjamina L.*, *F.bengalensis* L. e *F.religiosa* L. exibem atividade antitumoral e atividade antibacteriana, mas nenhuma atividade antifúngica. Os frutos frescos e secos de *F.carica* são utilizados em cancro, carcinoma, úlceras, hepatomegalia, baçoomegalia. O látex é utilizado em úlceras e gota. As folhas são utilizadas em cancros, tumores e dermatites. O látex da *F.racemosa* é utilizado como afrodisíaco e o pó da casca é utilizado em diabetes, úlceras, soluços, gonorreia e os frutos são utilizados como laxante e digestivo

Saini *et al.*,(2012) trabalharam no estudo comparativo de três frutos silvestres comestíveis de uttrakhand para actividades antioxidantes, antiproliferativas e composição polifenólica de *Ficus palmata, Pyrus pashia* e *Ficus auriculata.* Os resultados revelaram os teores mais elevados de fenólicos e flavonóides no extrato de acetona de *Ficus palmata,* enquanto os mais baixos nos extractos de metanol de *Ficus auriculata* e Pyrus *pashia*, respetivamente. As actividades antioxidantes foram mais elevadas no extrato de acetona de Ficus *palmata* e *Pyrus pashia*, respetivamente. Nos frutos, os teores mais elevados de fenólicos e flavonóides e as suas actividades antioxidantes e proliferativas foram observados no extrato *de acetona de Ficus palmata*, seguido dos extractos de metanol e acetona de Ficus *auriculata* e *Pyrus pashia*. Por conseguinte, poderia ser utilizado para o desenvolvimento de uma formulação à base de plantas que poderia ser consumida para reduzir o stress oxidativo e prevenir o desenvolvimento de cancro.

Hegazy *et al.*,(2013) trabalharam sobre o valor nutritivo e a atividade antioxidante de alguns frutos silvestres comestíveis no Médio Oriente.Frutos de três espécies *Arbutus pavarii*, *Ficus palmata* e *Nitraria retusa* foram analisados para avaliação dos seus valores nutritivos e capacidades antioxidantes. O teor de proteínas, hidratos de carbono e lípidos dos frutos pode exceder ou coincidir com os valores relatados de outros frutos comestíveis silvestres e cultivados. O conteúdo energético atingiu 790 kcal/ 100 g de peso fresco. A composição mineral atinge quantidades elevadas de K, Ca, Mg, Na e outros elementos essenciais, incluindo P, Fe, Zn e Cu. O teor total de compostos fenólicos antioxidantes variou entre 10,31 e 16,46 mg/g, sendo os principais constituintes os taninos, as antocianinas e os carotenóides. O teor de vitamina C variou entre 25,33 e 85,00 mg/ 100 g de peso fresco. A atividade antioxidante e a eliminação do radical livre DPPH demonstraram um aumento dependente da concentração. Considerando mais a qualidade do que a quantidade, o valor nutricional e o potencial farmacêutico dos frutos silvestres estudados pode ser superior ao dos frutos tradicionalmente cultivados. Os frutos das três espécies continham quantidades relativamente elevadas de potássio, cálcio, magnésio, sódio; e quantidades consideráveis de muitos outros elementos nutricionalmente essenciais, incluindo: fósforo, ferro, zinco e cobre. Os frutos de *A. pavarii* atingiram as concentrações mais elevadas da maioria dos macro e micronutrientes. Por exemplo, a diferença entre a concentração mais elevada (86,33 mg/ 100 g FW) em A. *pavarii e* a concentração mais baixa de cálcio (28,67 mg/ 100 g FW) em *N. retusa foi* superior a três vezes. Da mesma forma, os frutos de *A. pavari atingiram* os teores mais elevados de potássio (349,33 mg/100 g FW) e de fósforo (35,67 mg/ 100 g FW). Entretanto, os frutos de *N. retusa* continham uma concentração de sódio 2,27 e 1,62 vezes superior à de *A. pavarii* e *F. palmata*, respetivamente.

Arshad *et al.*, 2013, trabalharam na avaliação etnomedicinal de alguns frutos e legumes silvestres comestíveis selecionados das Himalaias Menores, no Paquistão. Foi documentado um total de 20 frutos e vegetais silvestres comestíveis pertencentes a 18 famílias e 18 géneros. *Amaranthus viridis, Berberis lycium* e *Zanthoxylum armatum foram* consideradas as espécies etno-medicinais mais significativas. Entre os frutos silvestres comestíveis, *Berberis lycium, Carissa opaca, Ficuscarica, Ficus palmata* e *Ziziphus nummularia* são extremamente citados, enquanto *Amaranthus viridis* e *Solanum nigrum* se encontram entre os vegetais silvestres comestíveis mais populares. *Ficus carica, Ficus palmata, Phyllanthus emblica* e *Zanthoxylum.armatum foram* igualmente utilizados como frutos e legumes. A recolha, a transformação e o consumo de plantas silvestres comestíveis são ainda experimentados em todas as áreas exploradas. A tradição de utilizar plantas silvestres palatáveis ainda está viva nas populações rurais das Pequenas Himalaias, mas está a desaparecer. Consequentemente, o registo, a preservação e a transmissão deste conhecimento tradicional às gerações vindouras são urgentes e vitais.

Kiran *et al.*, 2011 trabalharam na análise do conteúdo de elementos de plantas do género ficususando *o espetrómetro de absorção atómica.* O espetrofotómetro de absorção atómica de chama foi utilizado para a estimativa, realizada em quatro partes de plantas (folhas, casca, raízes aéreas e frutos) de 12 amostras de oito espécies de *Ficus* de importância medicinal e nove amostras de frutos comestíveis selvagens do género *Ficus,* recolhidos em diferentes locais do Paquistão. Os resultados deste estudo justificam a utilização destes frutos na dieta diária para fins nutricionais, bem como a utilização medicinal e de plantas medicinais no tratamento de diferentes doenças. Os teores de metais nas amostras foram encontrados em diferentes níveis que desempenham um papel vital na cura de doenças. Os elementos tóxicos Cd e Pb também foram encontrados, mas em concentrações muito baixas. Estes resultados podem dar importância aos frutos comestíveis silvestres e utilizados para estabelecer novos padrões para a prescrição da dosagem dos medicamentos à base de plantas preparados a partir destes materiais vegetais em remédios à base de plantas e em empresas farmacêuticas.

2.7 CARACTERIZAÇÃO MOLECULAR

Os estudos morfológicos exigem marcadores sub-moleculares sólidos para verificar as descobertas. Com a chegada dos marcadores sub-moleculares, tornou-se tudo menos difícil retratar as plantas com base no ADN e nas proteínas. Os resultados de tais estudos têm substancialmente mais validade e são reconhecidos experimentalmente. Fufa *et al.,* (2005) propuseram que os resultados que têm em conta a base morfológica não são suficientes para revelar os contrastes hereditários, uma vez que o aspeto fenotípico da planta é profundamente afetado pelo ambiente. Os projectos habituais de criação para melhorar as caraterísticas quantitativas obrigam a um grande número de trabalho, área e activos monetários. Os reprodutores de plantas estão sempre em busca de escolher os genótipos mais adequados tão cedo quanto seria de esperar, dadas as circunstâncias, para poupar o máximo de tempo num projeto de criação. Os marcadores ajudaram a determinar os genótipos, fornecendo-lhes

escolha de utilizar instrumentos de ciência atómica para ultrapassar os destinos multidimensionais.

Os marcadores moleculares são uma escolha fabulosa acessível aos reprodutores de plantas para escolher caraterísticas hereditárias valiosas, tanto na produção como nas espécies florestais (Enderet *al.*, 2008; Knol e Ejeta 2008; Davis *et al.*, 2006; Wilde *et al.*, 2007, Bohn *et al.*, 1999) e para avaliar a capacidade hereditária de determinados genótipos antes da avaliação fenotípica (Gephardt *et al.*, 2004). A metodologia sub-atómica para a avaliação das diferentes qualidades hereditárias tem-se revelado progressivamente significativa na identificação de germoplasma. (Morell *et al.*, 1995, Welsh e McClelland 1991; Williams *et al.*, 1990). Os exames isozimáticos efectuados nos anos 70 revelaram quantidades elevadas de qualidades hereditárias diferentes em populações regulares de plantas. Estes estudos levaram os geneticistas biológicos a avaliar a relação entre os níveis de variedade hereditária e os atributos naturais e de história de vida de numerosas espécies de plantas. Parâmetros como o alcance topográfico, o transporte local, os seres vivos, o método de multiplicação, a estrutura de criação, a componente de dispersão de sementes e o estado sucessional deram origem a expectativas sobre a estrutura hereditária das populações (Hamrick e Godt 1989, 1996). De vez em quando, estes parâmetros conduzem o investigador a conclusões pouco compreensíveis e a previsão torna-se mais problemática.

Os marcadores moleculares distintos estão atualmente a ser utilizados para a avaliação da estrutura hereditária e das diferentes qualidades. Apesar do facto de estes marcadores se terem demonstrado importantes em vários estudos de plantas, têm no entanto algumas desvantagens como a necessidade de uma rápida solidificação ou o manuseamento de material recolhido e um número definido de potenciais loci. Os marcadores baseados em ADN são a melhor opção de isozimas para ultrapassar estes desafios. Na década mais recente, os marcadores baseados em PCR, por exemplo, Random Amplified polymorphic DNA (RAPD); Interspecific SequenceRepeats (ISSR), Simple Sequence length polymorphism, (SSLP) e Amplified Length polymorphism (AFLP) têm sido amplamente utilizados para a investigação de qualidades hereditárias diferentes das colheitas, uma vez que se pensa que são realmente simples, eficientes, viáveis, profundamente instrutivos e obrigam a pequenas medidas de ADN (Parsopns *et al*, 1997; Kojima *et al*; 1998). Para algumas espécies vegetais, a combinação de marcadores moleculares e o exame de recaídas produziram dados excecionalmente viáveis sobre diversas caraterísticas (Maureira-Head servantet *al.*, 2007). Os marcadores ISSR (Between straightforward succession rehash) são igualmente utilizados com frequência hoje em dia para a investigação genómica de árvores e arbustos (Awasthi *et al.*, 2004; Joshi e Dhawan 2007 e Sreedhar *et al.*, 2007). Vários investigadores utilizaram marcadores ISSR para a investigação hereditária de espécies vegetais distintas (Agostini *et al.*, 2008; Bornet *et al.*, 2002; Prevost e Wilkinson 1999; Vijanyan *et al.*, 2006; Feyissa *et al.*, 2007; Ikegami *et al.*, 2009; Kar *et al.*, 2008; e Carrasco *et al.*, 2008). Os marcadores SSR são co-dominantes utilizados para o exame hereditário de genomas de plantas. Os marcadores SSR têm a desvantagem do tempo e das despesas incluídas no cultivo de preliminares específicas de praticamente todas as espécies a partir de bibliotecas genómicas ou através da sequenciação de bases de dados (Squirrel *et al.*, 2003).

Diferentes marcadores moleculares têm sido utilizados para estudos de impressão digital de ADN como parte do figo e, adicionalmente, para retrato de germoplasma e investigação de diferenças hereditárias em populações (Khadari *et al.*, 2004; Akbulut *et al.*, 2009; Ikegami *et al.*, 2009; Achtak *et al.*, 2010; Aradhya *et al.*, 2010; Chatti *et al.*, 2010; Dalkiliç. *et al.*, 2011). Para a prova reconhecível do genótipo, os marcadores sub-moleculares oferecem vários pontos de interesse sobre as escolhas habituais, tendo em conta as caraterísticas morfológicas, porque estes marcadores são estáveis e discerníveis em cada tecido vegetal, prestando pouca atenção às condições naturais e ao estágio formativo. Os principais pontos de interesse dos marcadores moleculares são a redução do tempo necessário para a investigação hereditária das pessoas (Agarwal *et al.*, 2008; Gomeset *al.*, 2010) e a possibilidade de avaliação entre as fases de semente ou plântula. Os marcadores de microssatélites ou as repetições de agrupamento simples permitem o refinamento de heterozigotos individuais de homozigotos, a prova de distinção de diferentes alelos presentes em populações e a criação de resultados efetivamente interpretáveis com elevada reprodutibilidade (Alba *et al.*, 2009). Consequentemente, estes marcadores são dispositivos úteis e fiáveis para a prova de distinção hereditária de indivíduos.

Os marcadores moleculares oferecem uma opção estável e sólida para a prova de distinção hereditária e o retrato de acumulações de germoplasma.Recentemente, os microssatélites, também conhecidos como Simple Sequence Repeats (SSR), o ADN polimórfico amplificado aleatoriamente (RAPD), a repetição de sequência intersimples (ISSR), o polimorfismo de comprimento de restrição (RFLP) e os marcadores RFLP de ADN mitocondrial têm sido utilizados na identificação e avaliação da diversidade genética, da estrutura e da diferenciação em colecções de figos (Khadari *et al*, 2001; Papdopoulou *et al.*, 2002; Salhi-Hannachi *et al.*,

2004; Khadari *et al.*, 2004).

A existência de sistemas poderosos de proteção do património hereditário das florestas tropicais reveste-se de extraordinária importância, sobretudo devido aos efeitos negativos decorrentes da diminuição das diferentes qualidades naturais. Isto é particularmente válido no que diz respeito às espécies naturalmente essenciais, por exemplo, as figueiras (espécies *Ficus*, família Moraceae), que se pensa serem activos fundamentais nas florestas tropicais, fornecendo aos frugívoros produtos orgânicos em épocas de carência alimentar (Shanahan *et al.*, 2001). Para além disso, as plantas da família Ficus são consideradas como um caso fantástico de mutualismo planta-aranha rastejante (Weiblen, 2002). Com algumas excepções, cada uma das 750 espécies de *Ficus* mantém uma associação vantajosa obrigatória com um determinado grupo de vespas polinizadoras (Hymenoptera: Agaonidae). Seja como for, pouco se pensa sobre as diferentes qualidades hereditárias e a estrutura populacional das espécies de Ficus (Dick *et al.*, 2008). Os marcadores de microssatélites (simple sequence repeats SSR) são aparelhos instrutivos utilizados para avaliar a estrutura hereditária das populações e também parâmetros genéticos quantitativos essenciais. Apesar do facto de os marcadores de microssatélites constituírem quadros educativos para as qualidades biológicas hereditárias, apenas foram confinados a sete dos 750 tipos de *Ficus* (Khadari *et al.*, 2001; Giraldo *et al.*, 2005; Ahmed *et al.*, 2008). Por outro lado, a elevada transferibilidade destes marcadores teve em consideração o melhoramento cruzado em 47 espécies de *Ficus* (Khadari *et al.*, 2001). Além disso, a evidência de uma elevada transferibilidade no seio de uma variedade específica foi igualmente exposta a partir de diferentes gamas de exploração (Poncet *et al.*, 2004; Moon *et al.*, 2008). Uma vez que o tempo é curto e o procedimento de segregação de microssatélites é moderadamente exorbitante e a baixa recorrência de SSRs nas plantas (Powell *et al.*, 1996), é preferível ter a capacidade de utilizar arranjos preliminares reconhecidos num tipo de animal noutros firmemente relacionados. A utilidade das variedades RAPD ou ISSR baseadas em PCR como marcadores filogenéticos para explorar as ligações de desenvolvimento entre plantas foi obviamente estabelecida (Maugham *et al.*, 1996). O ADN polimórfico aumentado irregular (RAPD) é um dispositivo importante para o reconhecimento de variedades hereditárias, uma vez que é barato, rápido e simples (Williams *et al.*, 1990). Permite a identificação de polimorfismos de ADN e pode ser utilizado para intensificar secções específicas de ADN genómico (Bielawski *et al.*, 1996). A impressão digital de ISSRs tem sido normalmente utilizada para estudar a genética populacional, a taxonomia e a filogenia de numerosas espécies de plantas (Wolf e Randle, 2001). Os preliminares ISSR podem afirmar que determinadas secções polimórficas de ADN foram abertas no interior da variedade (Leian *etal.*, 2005). Além disso, os marcadores moleculares não só fornecem uma técnica valiosa para a caraterização de cultivares, como também permitem que o parentesco hereditário entre cultivares e clones seja pesquisado e decidido com maior precisão. Durante a última década, desenvolveram-se alguns novos marcadores de ADN (RAPD, RFLP, SSR, ISSR, etc.) que foram rapidamente coordenados com os aparelhos acessíveis para o exame do genoma. O ISSR, tendo em conta a intensificação de locais (100-3000 pb) entre microssatélites firmemente divididos e dispostos de forma inversa (Salimath *et al.*, 1995) tem sido utilizado para a impressão digital do ADN e para o levantamento das diferenças de qualidade hereditárias (Martin e Sanchez-Yelamo, 2000), essencialmente em plantas desenvolvidas (Kantety *et al.*, 1995; Contracts *et al.*, 1996; Nagaoka e Ogihara, 1997; Moreno *et al.*, 1998; Blair *et al.*, 1999; Fernandez *et al.*, 2002). A geração de quantidades substanciais de secções, a reprodutibilidade e os baixos custos são circunstâncias favoráveis na utilização de marcadores ISSR (Salimath *etal.*, 1995).

Hidetoshi *et al.*, 2008 trabalharam na análise da diversidade genética entre variedades europeias e asiáticas de figo (*Ficus carica* L.) utilizando marcadores ISSR, RAPD e SSR. Dezanove variedades e linhas de figo da Europa e da Ásia foram identificadas por marcadores ISSR RAPD e SSR, respetivamente, utilizando 13, 19 e 13 combinações de iniciadores. Todos os iniciadores produziram 258 loci, sendo o maior número de loci (119) gerado por RAPD (Rp: 48,42). A análise de agrupamento foi aplicada aos três conjuntos de dados de marcadores para elucidar a estrutura genética e as relações entre estas variedades. As semelhanças genéticas médias foram de 0,787, 0,717 e 0,749, respetivamente, conforme determinado pela utilização de ISSR, RAPD e SSR. Cada sistema de marcadores produziu grupos incompletamente separados, embora um grupo de ligação fraco baseado no tipo de raça tenha aparecido no conjunto de dados combinados. As comparações dos coeficientes não revelaram qualquer correlação entre as diferentes matrizes de semelhança; observou-se congruência entre as matrizes de semelhança e as matrizes cofenóticas em todos os marcadores. A análise de variância molecular (AMOVA) mostrou que a maior parte do polimorfismo total era atribuível à variância dentro do grupo (ISSRs + RAPDs 97,41%; SSRs, 90,18%). Estes resultados sugerem que a diversidade genética desta população de figos é baixa e que a utilização de marcadores múltiplos é fundamental para estimar o parentesco dos figos ao nível da variedade. Além disso, presumiu-se que 'Houraihi', a variedade mais antiga do Japão, foi disseminada independentemente de outras variedades estrangeiras no século XVII ou antes disso.

Perez *et al.*, (2012) trabalharam na análise da diversidade genética da figueira do sul de Espanha (*Ficus carica* L.) e em materiais de referência como ferramenta para a reprodução e conservação. A figueira comum (*Ficus carica* L.) é uma cultura mediterrânica com identificação problemática de cultivares. A recuperação e conservação de possíveis variedades locais para produção ecológica requer a caraterização genética prévia do germoplasma disponível. Neste contexto, 42 linhas correspondentes a 12 variedades locais e dois caprifigos, para além de 15 amostras de referência, foram objeto de impressão digital utilizando 21 marcadores SSR. Um total de 77 alelos foi revelado, detectando um nível útil de variabilidade genética dentro dos grupos de germoplasma local. A análise de agrupamento UPGMA revelou a estrutura genética e as relações entre o germoplasma local e o de referência. Onze das variedades locais puderam ser identificadas e definidas como grupos obtidos, demonstrando que a análise SSR é um método eficiente de agrupamento.

método de avaliação da diversidade da figueira da Andaluzia para a conservação na exploração

Capítulo 3

MATERIAIS E MÉTODOS

3.1 ÁREA DE ESTUDO

O Azad Jammu e Caxemira situa-se entre a latitude 33°- 36°e a longitude 73°-75°e abrange uma área de 13 297 quilómetros quadrados. O Azmad Jammuad Kashmir está dividido administrativamente em 3 divisões, nomeadamente Muzaffarabad, Poonch e Mirpur, que, por sua vez, estão divididas em 10 distritos (Anon., 2007).

3.2 DEMOGRAFIA

De acordo com o inquérito de 1998, a população do Azad Jammu e Caxemira era de 2 973 indivíduos; estima-se que tenha aumentado para 3,4 milhões em 2004. O rácio entre a população urbana e rural é de 88:12. A densidade populacional está registada em 258 pessoas/Km². Após o inquérito à população de 1998, a taxa de alfabetização aumentou de 55% para 60% (Anon, 1998).

3.3 CARACTERÍSTICAS GEOGRÁFICAS

O Estado de Azad Jammu e Caxemira é principalmente montanhoso, com vales e extensões de planícies (Anon, 2007).

3.4 CLIMA

O clima do Estado é do tipo subtropical de terras altas. A temperatura máxima média é de 45,2°C, enquanto a temperatura mínima é de -2,6°C. A temperatura máxima pode ser registada em maio e junho e a mínima em dezembro e janeiro, respetivamente. A precipitação média anual é de 1300 mm.

No verão, o clima do Estado é geralmente quente, mas durante o inverno permanece muito frio, com queda de neve em dezembro e janeiro (Anon., 2007).

3.5 HIDROLOGIA

Os principais rios que correm no Estado são o Jhelum, o Neelum e o Poonch. O rio Neelum junta-se ao rio Jhelum em Domel. O rio Poonch entra no distrito de Poonch a partir da Caxemira ocupada pela Índia, a norte, perto da cidade de Abbaspur, e entra em Kotli, a oeste do estado, juntando-se finalmente ao lago Mangla em Mirpur. A fronteira ocidental do estado de AJ&K é formada pelo rio Jhelum (Anon., 2007).

3.6 AGRO-ECOLOGIA

As principais culturas da região são o milho, o trigo e o arroz, enquanto as culturas secundárias incluem o jawar, o painço, a grama, a bajra, etc. As leguminosas de diferentes tipos também são cultivadas em diferentes áreas. Os legumes incluem o tomate, o feijão, a dama-da-índia, os espinafres, o nabo, o rabanete, a abóbora, a cenoura e a batata, etc. Apenas treze por cento da área do Azad Jammu e Caxemira é utilizada para a agricultura (cerca de 194193 hectares) e 92% das terras agrícolas são alimentadas pela chuva. A outra população tem 87% de capacidade de exploração entre um e dois acres. O gado e as terras cultivadas representam 30-40% dos rendimentos das famílias (Khan e Dad, 2009).

3.7 SELECÇÃO E RECOLHA DE AMOSTRAS

Para estudar a variação em diferentes ecótipos de *Ficus palmata* em diversos locais de Azad Kashmir, foram recolhidos dados exaustivos durante o mês de abril. Todas as espécies de plantas foram identificadas morfologicamente e autenticadas taxonomicamente com base na flora do Paquistão (Radcliffe-Smith, 1986).

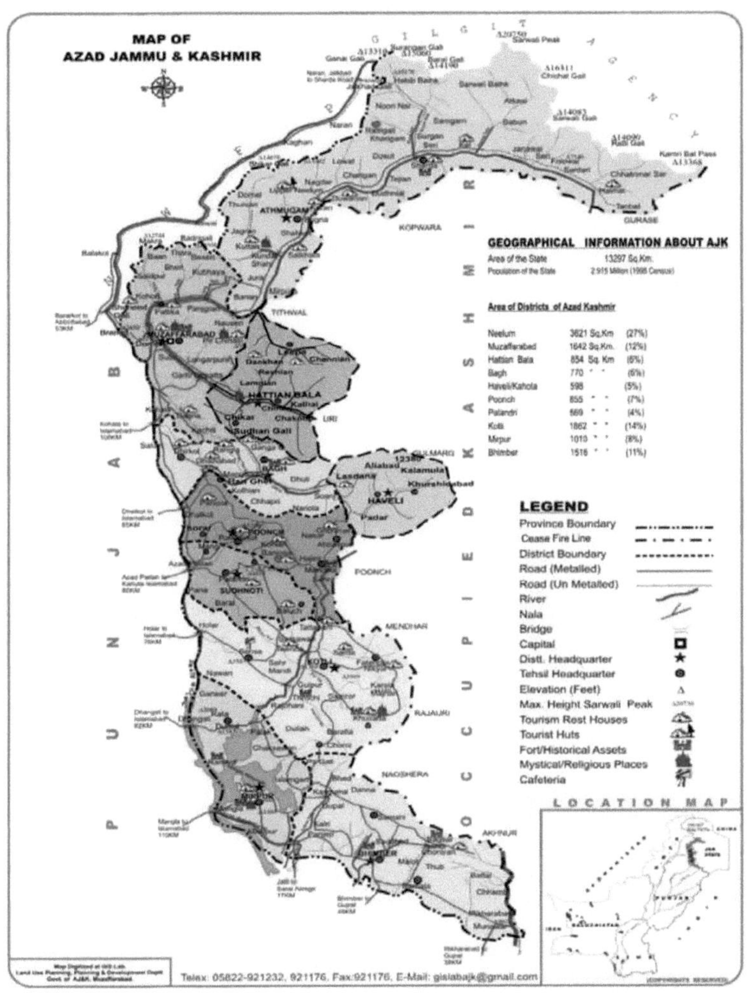
MAP OF
AZAD JAMMU & KASHMIR
GEOGRAPHICAL INFORMATION ABOUT AJK
Area of the State 13297 Sq.Km.
Population of the State 2.915 Million (1998 Census)
Area of Districts of Azad Kashmir
Neelum 3621 Sq.Km (27%)
Muzaffarabad 1642 Sq.Km. (12%)
Hattian Bala 854 Sq. Km (6%)
Bagh 770 " " (6%)
Haveli/Kahola 598 (5%)
Poonch 855 " " (7%)
Palandri 569 " " (4%)
Kotli 1862 " " (14%)
Mirpur 1010 " " (8%)
Bhimber 1516 " " (11%)
LEGEND
Province Boundary
Cease Fire Line
District Boundary
Road (Metalled)
Road (Un Metalled)
River
Nala
Bridge
Capital
Distt. Headquarter
Tehsil Headquarter
Elevation (Feet)
Max. Height Sarwali Peak
Tourism Rest Houses
Tourist Huts
Fort/Historical Assets
Mystical/Religious Places
Cafeteria
LOCATION MAP
PUNJAB
OCCUPIED KASHMIR
GILGIT AGENCY
Telex: 05822-921232, 921176, Fax:921176, E-Mail: gislabajk@gmail.com

zonas de Muzaffarabad, Pallandri, Kotli, Rawalakot e Hajira. Os ecotipos e as suas

As respectivas áreas são apresentadas no **Quadro 3.1.**

Ecotypes	Name of Ecotypes	Ecotypes	Name of Ecotypes
E1	Pallandri	E14	Hattian Bala
E2	Kakrool	E15	Lohar Gali
E3	Dhardharch	E16	Rara
E4	Siya	E17	Nisar Camp
E5	Baral	E18	Kotli
E6	Talyan	E19	Sehnsa
E7	Rawalakot	E20	Sarsawa
E8	Hajira	E21	Panjera
E9	Pak Gali	E22	Mirpur
E10	Trarkhal	E23	Bhimber
E11	Jhandali	E24	Bagh
E12	Muzaffarabad	E25	Dhirkot
E13	Challa Bandi		

3.8 ANÁLISE ARQUITECTÓNICA

Para a análise arquitetónica dos diferentes genótipos, foram selecionadas aleatoriamente cinco plantas de cada entrada. Todos os dados morfológicos foram recolhidos apenas nas plantas selecionadas.

Os dados foram registados em relação aos seguintes parâmetros.

3.8.1 Altura da planta: A altura da planta foi medida da base da planta até à ponta do rebento mais alto de cada ecótipo, em cm, com a ajuda de uma vara de medição. Foram medidas cinco plantas de cada localidade e o valor médio foi calculado.

3.8.2 Perímetro do caule. A circunferência do caule foi anotada em polegadas de três lugares do caule i.e. da base do caule, do centro e do topo do caule. A média foi então calculada para análise posterior.

3.8.3 Número de ramos principais por planta: O número de ramos principais (que surgem diretamente da base do caule) de cada planta foi contado e o valor médio foi calculado para interpretação.

3.8.4 Número de sub-ramos por ramo principal da planta. Os sub-ramos que crescem a partir do ramo principal da planta) foram anotados e o seu valor médio foi obtido.

3.8.5 Número de folhas por sub-ramo da planta. As folhas do sub-ramo foram contadas a partir de cinco plantas de cada localidade e o seu valor médio foi calculado

3.8.6 Índice de área foliar. O Índice de Área Foliar foi medido com a fórmula (Turner,1973) (Comprimento × Largura × 0.75)

3.8.7 Nº de frutos por sub-ramo da planta. Os frutos do sub-ramo foram contados em cinco plantas de cada localidade e o seu valor médio foi calculado.

3.8.8 Peso dos frutos. O peso de 100 frutos foi anotado com a ajuda de uma balança eletrónica em gramas.

3.8.9 Diâmetro do fruto. O diâmetro do fruto foi medido com a ajuda de um compasso de vernier em cm.

3.9 ANÁLISES BIOQUÍMICAS

3.9.1 Recolha de frutos *de Ficus palmata*

O material vegetal utilizado no presente estudo foi obtido em Azad Kashmir. *A Ficus palmata* cresce extensivamente em Azad Kashmir. Foram selecionadas e colhidas diferentes populações de *Ficuspalmata* em diferentes localidades das zonas de Azad Kashmir na primeira semana de junho, quando estavam completamente maduras. Estes ecotipos foram comparados relativamente a diferentes caracteres. Estes frutos foram mantidos em vasos de plástico e transportados para a Universidade de Azad Jammu e Caxemira, tendo sido submetidos a congelação a -80°C.

3.9.2 Estimativa do ácido ascórbico (vitamina C)

Princípio

O ácido ascórbico tem a propriedade de diminuir e uma grande parte das rotinas para a sua estimativa foi feita tendo em conta esta propriedade. O sistema mais conhecido consistia em titular o corrosivo ascórbico com 2,6-diclorofenol indofenol, um corante oxidante. A cor que era azul transformou-se em cor-de-rosa com a expansão de uma gota de ácido acético glacial puro que, ao ser titulado com o teste, se tornou opaco. A mesma diretriz foi seguida para a estimativa da vitamina C em populações distintas de *Ficus palmata* (Shah *et al.*, 2007).

Preparação de reagentes e soluções

a. **Solução de ácido oxálico (0,4%).** Dissolveu-se ácido oxálico (0,4 g) em 100 ml de água destilada para obter ácido oxálico a 0,4%. A solução foi conservada no frigorífico.

b. **Solução-padrão de 2,6-diclorofenol-indofenol.** Dissolver 40 mg de 2,6-diclorofenol-indofenol em 100 ml de água. Esta solução corante foi filtrada e conservada no frigorífico. A solução deve ser utilizada no prazo de três dias.

c. **Ácido acético glacial.** Foi utilizado ácido acético glacial puro.

d. **Preparação da amostra.** 1 grama de amostras de frutos de *Ficus palmata* foi misturado em 50 ml de ácido oxálico a 0,4%.

Procedimento

Pipetou-se a solução de corante (0,5 ml) para um tubo de ensaio e incluiu-se uma gota de ácido galáctico, o que alterou a tonalidade azul da cor para uma tonalidade rosa. Titulou-se então contra a amostra até que a tonalidade rosa se tornasse incolor. O volume do teste utilizado foi utilizado para calcular a quantidade real em mg/100gm.

Cálculos

Como 0,5 ml de corante reagem com 0,1 ml da solução padrão de ácido ascórbico.

Ácido ascórbico = 0,1 x50 / valor do título.

Ácido ascórbico %= 0,1x50/ 1,5x100 = 333,3mg/100g.

3.9.3 Estimativa do teor de óleo dos frutos

Método

Foram colhidas amostras de frutos de diversas populações de *Ficus palmata* e depois mantidas em estufa durante 24 horas a 70°C. Após a secagem, as amostras foram retiradas do forno e arrefecidas, e 10 gramas de cada uma das sementes e do puré de *Ficuspalmata* foram medidos com precisão para a extração de óleo e embrulhados em papel de canal pré-medido. Nessa altura, o papel-canal foi novamente pesado com os testes. Os exemplares foram colocados no dedal. O conjunto mecânico foi montado e o dedal foi colocado no recipiente de extração do aparelho de soxhlet (30°C a 40°C) durante seis horas de utilização. Cerca de 100 a 150 ml de éter foram incluídos no frasco e associados ao recipiente. A água e o aquecedor foram ligados para iniciar a extração da gordura. Após 6 sifonagens, deixou-se desaparecer o éter e desengatou-se o jarro antes da última sifonagem. O éter que ficou no tubo de extração foi recuperado para utilização posterior. O concentrado foi transferido para um frasco limpo pré-medido com colocação de éter para lavagem e o éter restante foi dissipado num forno a 105oC durante 60 minutos e arrefecido num dessecador (Shah *et al*., 2007).

% de óleo = peso do extrato etéreo / peso da amostra x100

3.9.4 Estimativa dos hidratos de carbono

Os açúcares redutores e não redutores foram estimados pelo método de Dubois *et al.,* (1956). A fruta homogeneizada foi preparada em água destilada num almofariz limpo e foi extraída por centrifugação a alta velocidade. Em seguida, o fenol foi adicionado ao sobrenadante. Após incubação à temperatura ambiente, adicionou-se H2SO4 concentrado. A absorvância de cada amostra foi registada a 420 nm. A concentração da amostra desconhecida foi calculada com referência à curva padrão feita de glucose.

3.9.5 Estimativa de proteínas

O teor de proteínas das amostras foi estimado pelo método de Bradford (1976). Para preparar o reagente de Bradford, o corante azul de Coommassie foi dissolvido em ácido fosfórico e metanol. A quantidade de proteínas das amostras foi estimada através da leitura a 595 no espetrofotómetro, utilizando a curva padrão para BSA (Boyer, 1993).

3.9.6 Determinação do pH dos frutos *de Ficus palmata*

Método

O pH dos frutos foi medido com um medidor de pH

3.10 Estimativa dos elementos minerais

Os alimentos e produtos alimentares eram primeiro digeridos com ácidos para libertar os minerais. A digestão ácida foi então diluída e utilizada para a determinação de minerais por métodos instrumentais ou químicos. No entanto, utilizámos *Ficus palmata* como amostra alimentar e preferimos o método instrumental (Shah *et al.*, 2007).

3.10.1 Preparação da digestão ácida

A amostra em pó (1 g) de cada produto orgânico *de Ficus palmata* foi recolhida e transferida para um tubo de digestão. Incluiu-se HNO3 concentrado (5 ml) e manteve-se no digestor de tratamento durante 60 minutos a 70°C. A temperatura foi aumentada para 140°C,

para que saiam vapores de ácido nitroso. Os tubos foram arrefecidos e adicionaram-se 3 ml de HNO3: Foram incluídas misturas de HClO4 (1:1). O tubo foi aquecido a 200°C para que o vapor branco e espesso de ácido perclórico (HClO4) desaparecesse. Os tubos foram arrefecidos e a substância foi transferida para um balão volumétrico de 50 ml. O volume foi completado até ao traço marcado com água refinada. O digerido foi guardado no frigorífico e utilizado para a determinação dos minerais.

3.10.2Determinação do ferro (Fe)

O teor de ferro foi determinado por razões nutricionais e para medir a contaminação dos alimentos com ferro.

Princípio

O ferro presente na amostra reage com um determinado reagente e produz cor. A estimativa do ferro foi efectuada espectrofotometricamente através da reação do ferro com tiocianato de potássio. Forma-se um complexo de cor vermelha do ferro, que foi estimado no espetrofotómetro a 447 nm.

Método do tiocianato

a) **Preparação de reagentes e soluções**

b) **Ácido clorídrico (6N).**

c) **Peróxido de hidrogénio (30%).**

d) **Solução de tiocianato de potássio (15%).**

Solução padrão de ferro (1 mg / 100ml).70,2 mg de FeSo4 $(NH_4)_2So_4$ de grau reagente. 6H2O foi dissolvido em 50 ml de água contendo 1 a 2 ml de H_2So_4 conc. Misturar bem e diluído com água até 1 litro.

Procedimento

Preparação da curva padrão

A solução-padrão de ferro foi diluída em diferentes concentrações. Tomaram-se 5 ml de cada uma das soluções-padrão e adicionaram-se 10 ml do reagente a), 1 ml de b) e 5 ml de c), diluindo-os até 100 ml com água. A mistura foi então deixada em repouso durante 1 hora para desenvolver a cor. Preparou-se um branco padrão utilizando 5 ml de água em vez da solução padrão e repetiram-se todos os passos acima referidos. A absorvência de cada padrão foi lida com referência ao branco no comprimento de onda de 447 nm, utilizando um espetrofotómetro. A absorvência do ferro versus a absorvência foi traçada e uma linha reta foi desenhada.

Ensaio de amostras

Tomou-se uma alíquota (5 ml) do digerido ácido e procedeu-se de forma semelhante à descrita anteriormente. A absorvância da solução de amostra foi registada a 447 nm. O comprimento de onda e os resultados foram obtidos a partir da curva padrão desenhada utilizando diferentes concentrações de ferro padrão contra a sua absorvância da amostra. O ferro foi calculado como mg / 100 g de amostra.

3.10.3 Determinação do fósforo por (método colorimétrico)

Nos géneros alimentícios, o fósforo é geralmente determinado e expresso em ácido fosfórico (P_2O_5). Isto pode ser efectuado por colorimetria. Em geral, a amostra alimentar foi digerida (incineração húmida). Uma alíquota era então utilizada para a determinação colorimétrica do fósforo.

Princípio

A determinação colorimétrica baseia-se no princípio de que certos elementos ou compostos, quando reagem com reagentes adequados, desenvolvem cor. A intensidade da cor foi medida com o colorímetro no espetrofotómetro. O fosfórico inorgânico reage com o molibdato de amónio, formando-se o fosfomolibdato de amónio, que, por redução, produz o "azul de molibdénio". Mediu-se a cor azul da solução e determinou-se a quantidade de fosfato. **Método**

a) Preparação do reagente e das soluções

b) Ácido sulfúrico (1:6), ácido : água).

c) Vanadato de amónio (0,25%): Dissolveu-se 0,25 g de vanfadato de amónio em 50 ml de água e adicionaram-se 6 ml de H2SO4 (1:6). Diluir até 100 ml.

d) Molibdato de amónio (5%). Dissolver 5 g do reagente em 100 ml de água destilada.

e) Solução-padrão de di-hidrogenofosfato de potássio (KH2PO4): Dissolver 30 mg de reagente em 100 ml de água.

Procedimento

a) Preparação da curva padrão

A solução padrão de KH2PO4 foi diluída para diferentes concentrações conhecidas. Em seguida, foi retirada uma alíquota de 5 ml e colocada num balão de 50 ml. Adicionaram-se 5 ml de cada reagente (a), (b) e (c). O balão foi agitado após a adição de cada reagente. Em seguida, a mistura foi diluída até 50 ml e deixada a desenvolver cor. Estes passos foram repetidos e preparou-se um branco padrão utilizando 5 ml de água em vez da solução padrão. O espetrómetro foi regulado para absorvência zero a 470 nm com o branco padrão e a absorvência da solução padrão foi lida para construir uma curva padrão traçando a absorvência em função da construção (gráfico).

b) Ensaio de amostras

Tomou-se uma alíquota de cinco (5) ml do digerido ácido e seguiu-se o mesmo procedimento utilizado para a solução padrão. Anotou-se a leitura da absorvência e determinou-se a quantidade de fosfato a partir da curva padrão. O teor de fosfato foi calculado como mg / 100g de amostra.

3.10.4Determinação do magnésio

Princípio

A determinação do magnésio na amostra baseou-se no princípio da titulação. O indicador Eriochrome black T. (EBT) e o tampão foram adicionados à amostra, que formou a cor vermelha. A amostra é então titulada contra EDTA 0,1M até a cor mudar de vermelho para azul.

Reagentes

a) EDTA. Solução 0,1M: O ácido etilenodiamino tetra-acético (EDTA) foi aquecido a 80∘C para remover a humidade e pesou-se 37,2 g de EDTA. Em seguida, dissolveu-se 37,2 g de EDTA em água destilada e diluiu-se para 1 litro

b) Indicador negro de Eriocromo T. (EBT): Dissolver 0,2 g de indicador (EBT) em 20 ml de etanol absoluto.

c) Solução tampão: 142 ml de solução de amoníaco concentrado foram misturados com 17,5 g de NH_4Cl A.R. e diluídos a 250 ml com água destilada.

d) Preparação da amostra de *Ficus palmata*: 1 grama das amostras de frutos de cada *Ficus palmata* foi misturado em 25 ml de água destilada.

Procedimento

Tomar 25 ml de solução de amostra e diluir para 100 ml com água destilada. Adicionaram-se dois (2) ml de solução tampão e 3-5 gotas de indicador T de eriocromo. A solução foi titulada com EDTA 0,1M até a cor mudar de vermelho para azul puro. A titulação deve ser efectuada lentamente perto do ponto final, uma vez que a formação do complexo não ocorre instantaneamente. A solução foi aquecida a 40°.

Cálculos

1 ml de EDTA 0,1M =2,43 mg de Mg^{2+}

3.10.5Determinação do cálcio utilizando o murexido como indicador

Princípio

A determinação do Ca na amostra baseou-se no princípio da titulação. O indicador Murexido e o tampão formaram a cor vermelha da solução. A solução é então titulada contra uma solução 0,01M de EDTA até que a cor vermelha da solução mude para violeta-azulada.

Reagentes

a) **Solução de EDTA. (0,01M):** 1,861 g de di-sod-EDTA A.R.. $2H_2O$ foram dissolvidos em água e diluídos para 500 ml.

b) **Solução de murexido.** Prepara-se uma solução saturada do indicador e filtra-se. A solução deve ser fresca para a titulação quotidiana.

c) **Solução de hidróxido de sódio (4M):** Preparar uma solução exacta de 4M de NaOH.

d) **Preparação da amostra**: Os frutos (1 g) de cada *Ficus palmata* foram misturados em 25 ml de água destilada.

Procedimento

A solução de amostra (25 ml) foi introduzida no balão de titulação e diluída com cerca de 25 ml de água destilada, tendo sido depois adicionados 1 ml de solução de NaOH 4M e 1 ml de indicadores de Murexido. A solução foi titulada contra uma solução 0,01M de EDTA até a cor vermelha da solução mudar para violeta-azulada.

Cálculos

Um mol de 0,01M. EDTA = 0,4008 mg de Ca .··

3.11 CARACTERIZAÇÃO MOLECULAR

As folhas de *Ficus palmata* Forssk.foram utilizadas em estudos moleculares.

3.11.1 Recolha e armazenamento de material vegetal

As espécies vegetais selecionadas foram colhidas em diferentes regiões geográficas de Azad Jammu e Caxemira, incluindo Muzaffarabad, Pallandri, Rawalakot e Kotli. Estas plantas foram colhidas durante a época de floração . Todas as espécies de plantas foram identificadas morfologicamente e autenticadas taxonomicamente com base na flora do Paquistão. A informação é fornecida no quadro 3.1. O material vegetal foi conservado em sacos de fecho de correr selados, adicionados de gel de sílica (Fisher chemical L-12167) a 4°C até à sua posterior utilização.

3.11.2 Processamento de material vegetal

O material foliar foi cuidadosamente excisado das plantas com uma tesoura já esterilizada, seguido de lavagem com etanol a 70 % e água destilada. O material vegetal foi deixado a secar. Foram pesados 0,4 gramas do material foliar para extração de ADN utilizando o método CTAB (brometo de cetil trimetil amónio) com algumas modificações (Richards *et al.*, 1997).

3.11.3 Preparação de CTAB

O tampão CTAB 2 × foi preparado utilizando ácido etilenodiamino tetra-acético (EDTA) 20 mM (pH 8,0), Tris HCl 100 mM (pH 8,0), cloreto de sódio (NaCl) 1,4 M e, após a preparação do CTAB, foi também adicionado 1 % de merceptoetanol ao tampão CTAB.

3.11.4 Protocolo de extração de ADN

O ADN foi extraído das folhas utilizando o método 2 X CTAB. Triturou-se 0,4 g de material vegetal num almofariz e pilão, adicionando tampão 2 × CTAB pré-aquecido (65 °C), conforme necessário (1-2 ml), até o material ficar homogeneizado. A mistura homogénea foi então transferida para tubos eppendorf (1,5 ml) e incubada a 65 °C durante 45 minutos. Os tubos eppendorf foram centrifugados a 10.000 rpm durante 10 minutos e o sobrenadante foi recolhido num tubo eppendorf separado. O sobrenadante recolhido foi tratado com um volume igual de clorofórmio; álcool isoamílico que foi preparado numa proporção de (24:1) respetivamente. Após a adição, os tubos eppendorf foram invertidos suavemente 2 a 3 vezes. O sobrenadante foi recolhido e todo o processo foi repetido 4 a 5 vezes até que o sobrenadante se tornasse amarelo a branco. Ao sobrenadante recolhido, foi adicionado um volume igual de isopropanol e 1,2 microlitros de solução de acetato de sódio 1 M e a amostra foi colocada a -20C durante uma noite. Seguiu-se uma centrifugação a 12 000 rpm durante 12 minutos, tendo o isopropanol sido vertido e o sedimento de ADN retido. O sedimento foi lavado com etanol a 70 % e deixado secar à temperatura ambiente. Adicionou-se 0,1 X de tampão TE mais RNase aos tubos eppendorf que continham o sedimento de ADN e manteve-se a incubadora a 37 °C durante 10 minutos para degradar os ARN, tendo sido armazenados a - 20 °C para utilização futura.

3.11.5 Confirmação do ADN genómico

O ADN genómico das amostras de teste foi avaliado por eletroforese em gel. A amostra de ADN (5 µL) foi misturada com o corante de carga azul de bromofenol (2 µl) e foi colocada num gel de agarose a 1%. O brometo de etídio foi utilizado para corar e visualizar o gel, tirando uma fotografia sob luz UV com o sistema de documentação de gel Dolphin Doc Plus (Wealtec).

3.11.6 Reação em cadeia da polimerase

As reacções de PCR foram realizadas com 05 primers SSR e 05 primers ISSR. A mistura de reação de amplificação de 25 µl para cada amostra continha 1µl de modelo, 1µl de iniciador, 10,5 µl de água sem nuclease e 12,5µl de Master Mix (MBI Fermentas). Foram testadas diferentes concentrações de temperatura de recozimento para amplificação utilizando PCR de gradiente e, finalmente, foi aplicado um método padrão (3.3).

3.11.7 Diluição dos primers

Os primers foram inicialmente diluídos de acordo com a prescrição da e-Oligos. A concentração do iniciador utilizado foi de 25 picomole por µl.

3.11.8 Condições de temperatura da PCR

A amplificação foi efectuada de acordo com as seguintes condições de PCR

1. A desnaturação inicial foi efectuada a 94 °C durante 5 minutos
2. Seguidos de 35 ciclos de desnaturação a 94°C durante 30 segundos
3. O recozimento foi efectuado na gama de 50 a 56°C durante 1 minuto.
4. Extensão a 72°C durante 1 minuto.
5. A extensão final foi efectuada a 72°C durante 20 minutos

Quadro 3.2 Marcadores ISSR

	Marker Name	**Sequence**	**References**
1	UBC807 $(AG)_8$T	AGAGAGAGAGAGAGAGT	Hidetoshi *et al* 2009
2	UBC810 $(GA)_8$ T	GAGAGAGAGAGAGAGAT	Hidetoshi *et al* 2009
3	UBC812$(GA)_8$ A	GAGAGAGAGAGAGAGAA	Hidetoshi *et al* 2009
4	UBC816$(CA)_8$ T	CACACACACACACACAT	Hidetoshi *et al* 2009
5	UBC817$(CA)_8$ A	CACACACACACACACAA	Hidetoshi *et al* 2009

Tabela 3.2 Marcadores SSR

	Marker Name	**Sequence**	**References**
1	MFC6	AGGCTACTTCAGTGCTACA GAGAGAGAGAGAGAGACG	Khadari *et al* 2001
2	MFC3	GATATTTTCATGTTTAGTTTG GAGGATAGACCAACAACAAC	Khadari *et al* 2001
3	MFC1	ACTAGACTGAAAAAACATTGA TGAGATTGAAAGGAAACGAG	Khadari *et al* 2001
4	MFC2	GCTTCCGATGCTGCTCTTA TCGGAGACTTTTGTTCAAT	Khadari *et al* 2001
5	MFC4	CCAAACTTTTAGATACAACTT TTTCTCAACATATTAACAGG	Khadari *et al* 2001

Tabela 3.3 Componentes de PCR para a amplificação de primers

S/N	Reagents	Concentration	Volume
1	Nano pure water		16.2 µl
2	*Taq*DNA polymerase	1.5 U	0.3 µl
3	Farward primer	25 pmoles	1 µl
4	Reverse primer	25 pmoles	1 µl
5	*Taq* buffer	10 X	2.5 µl
6	$Mgcl_2$	25 mM	1.5 µl
7	DNTPs	2 mM	1.5 µl
8	Total volume		25 µl

Tabela 3.4 Condições de PCR para a amplificação

S/N	PCR different steps	Temperature	Time	
1	Initial denaturation	94.0°C	5 minutes	
2	Denaturation	94.0°C	30 seconds	35 cycles
3	Annealing	49.3°C	1 mint	
4	Extension	72.0°C	1 mint	
5	Final extension	72.0°C	20 minutes	

3.11.9 Confirmação do produto PCR

Os produtos de PCR bem sucedidos foram confirmados utilizando gel de agarose a 1,5 %, preparado em tampão TAE 0,5 X. O corante de carga, juntamente com o produto da PCR, foi colocado nos poços do gel de agarose. O gel foi corado com brometo de etídio e visualizado sob luz UV num sistema de documentação de gel (Wealtec Dolphin Doc plus). A confirmação do tamanho de uma determinada banda foi efectuada através da utilização de uma escada de ADN de 50 kb com os produtos da PCR.

3.11.10 Pontuação dos dados das cartilhas.

Os dados dos iniciadores foram classificados como presença ou ausência de bandas para cada amostra separadamente e foram calculadas as bandas monomórficas e polimórficas. Todos os segmentos visíveis foram contados para cada iniciador e a presença ou ausência de bandas foi calculada como (1) se presente e (0) se ausente para cada amostra.

3.12 ANÁLISES ESTATÍSTICAS

Foram utilizados diferentes programas estatísticos para analisar os dados. Os dados morfológicos foram analisados por Análise de Componentes Principais (PCA) utilizando o software PAST e foi obtido um dendrograma. Os dados bioquímicos foram analisados pelo software MSTATC e os resultados foram representados por gráficos e ANOVA. Os dados moleculares foram analisados pelo software NTSYS-pc e PAST. Um dendrograma baseado no índice de similaridade foi construído usando o sistema de taxonomia numérica e análise multivariada de Rohlf, 1979.

Capítulo 4

RESULTADOS E DISCUSSÃO

As árvores *de Ficus palmata* Forrsk. cultivadas em diferentes ecótipos de Azad Jammu e Caxemira foram avaliadas quanto à sua caraterização arquitetónica, bioquímica, mineralógica e molecular, para serem classificadas em diferentes grupos de genótipos potenciais com base na semelhança.

4.1 ANÁLISE ARQUITECTÓNICA

As análises arquitectónicas foram efectuadas através da avaliação dos seguintes parâmetros: altura da planta, perímetro da planta, número de ramos, número de sub-ramos por ramo, número de folhas por sub-ramo, índice de área foliar, número de frutos por sub-ramo, peso dos frutos e diâmetro dos frutos. Os valores médios, ANOVA e outros valores estatísticos são mostrados na Tabela 4.1. Todos os resultados foram calculados e apresentados sob a forma de gráficos e ANOVA e um dendrograma também foi obtido usando o software PAST. A ANOVA mostrou que os dados eram altamente significativos (Quadro 4.1). Os gráficos mostraram uma imagem clara da diversidade entre os diversos ecótipos de *Ficus palmata* cultivados no Azad Jammu e Caxemira e o dendrograma mostra a filogenia e a relação estreita entre os diferentes ecótipos de *Ficus palmata.*

4.1.1 Altura da planta

A altura das plantas foi medida em pés (Figura 4.1). Em todos os ecótipos de *Ficus palmata* cultivados em E16, a altura máxima foi de 25 pés e a altura mínima foi observada em

Tabela 4.1: Valores médios e ANOVA da análise arquitetónica

Ecotypes	Plant height (feet)	Plant Girth (inches)	No. of main branches/ plant	No. of sub branches/ Branch	No. of Fruits / sub branch	No. of leaves/ sub branch	Fruit size (cm)	Fruit weight (gram)	Leaf area index
E1	5.0d-g	64.89b-d	14.6b-e	14.4d-i	128.0ab	126.0efg	2.14b-d	427.3a-d	104.9a
E2	6.2b-e	50.28b-f	12.8b-f	19.4c-g	90.0b-f	80.0f-i	1.82d-h	421.1a-d	102.9a
E3	3.6g	70.60bc	7.4d-g	21.0c-f	46.0fg	74.0f-i	2.10b-e	366.6a-e	93.1ab
E4	7.4a-c	73.14d	10.0c-g	24.4c	54.0e-g	56.0g-i	1.960b-f	493.6a	94.4ab
E5	8.0ab	44.70b-f	5.4fg	11.8g-i	40.0g	54.0g-i	1.74e-h	343.1b-f	88.7ab
E6	4.0fg	28.01b-f	3.6g	8.8i	24.0g	36.0hi	1.680f-h	448.8a-c	110.9a
E7	5.0d-g	40.64d-f	10.6c-g	12.6f-i	70.0c-g	88.0f-i	1.700f-h	410.8a-d	109.1a
E8	5.7c-f	53.32b-f	6.2e-g	8.6i	60.0d-g	70.0f-i	1.940c-g	409.1a-d	109.9a
E9	6.5a-d	61.97b-e	9.8c-g	12.0g-i	30.0g	28.0i	1.620f-h	477.1ab	112.0a
E10	4.5e-g	52.83b-f	14.6b-e	18.0c-h	28.0g	42.0hi	1.940c-g	339.4b-f	114.0a
E11	7.4a-c	61.46b-e	16.0a-d	46.0a	106.0a-d	134.0d-f	2.520a	196.1f	108.3a
E12	6.2b-e	48.40b-f	6.4e-g	11.0g-i	62.0d-g	90.0f-i	1.700f-h	307.1c-f	106.3a
E13	6.5a-d	24.38ef	17.4a-c	34.0b	34.0g	48.0hi	1.720f-h	452.6a-c	110.9a
E14	6.7a-d	22.85f	9.6e-g	23.0cd	30.0g	28.0i	1.92c-g	429.5a-d	105.6a
E15	6.1c-e	21.33f	3.4g	14.2e-i	26.0g	36.0hi	1.58gh	372.6a-e	101ab
E16	8.1a	24.78ef	4.4fg	13.0f-i	54.0e-g	101.6f-h	2.1b-e	364.4a-e	109.9a
E17	3.6g	34.50c-f	7.4d-g	12.2g-i	93.0b-f	139.6c-f	1.76e-h	310.2c-f	107.9a
E18	7.2a-c	57.02b-f	6.8efg	8.8i	118.0a-c	180.0d-e	1.46h	410.7a-d	104.4a
E19	3.4g	127.9a	21.6ab	9.8hi	144.0a	232.0ab	2.1b-e	395.9a-d	108.7a
E20	7.4a-c	130.0a	24.0a	18.4c-h	128.0ab	200.4b-d	2.32ab	315.4c-f	104.0a
E21	4.1fg	38.67b-f	6.6efg	10.8g-i	98.0a-e	135.0b-f	2.2a-c	426.1a-d	85.1ab
E22	5.8c-f	27.43d-f	6.2efg	21.8c-e	40.4g	138.0d-f	2.22a-c	313.2c-f	84.6ab
E23	5.0d-g	19.81f	4.8fg	17.2c-i	62.8d-g	242.0ab	1.6f-g	297.8d-f	82.0ab
E24	7.0a-c	35.05c-f	5.0fg	22.8c-e	131.0ab	294.0a	1.8d-h	239.8ef	80.7ab
E25	4.0fg	50.32b-f	5.2fg	14.6d-i	132.0ab	211.6bc	2.14bcd	360.5a-e	66.4b
ANOVA									
Df	24	24	24	24	24	24	24	24	24
Sum of squares	258.146	97281.53	3785.79	8819.01	191115.5	679123.9	8.4	627769.5	18468.9
Mean square	10.756	4053.397	157.741	367.459	7963.145	28296.8	0.350	26157.1	769.54
F value	5.2887	4.8131	3.3537	8.4297	5.7003	9.2473	4.3166	1.9694	1.0511
LSD @ 0.05	1.862	37.88	8.952	8.618	48.79	72.21	0.3715	150.4	35.32

NB: Os valores seguidos de letras semelhantes não são significativos entre si.

Figura 4.1: Valores médios para a altura das plantas em 25 ecotipos de *Ficus palmata.*

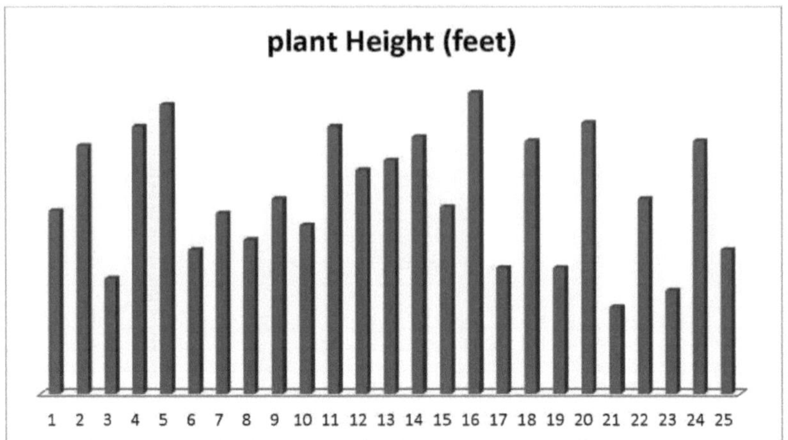

Figura 4.2: Valores médios para o diâmetro das plantas em 25 ecotipos de *Ficuspalmata* .

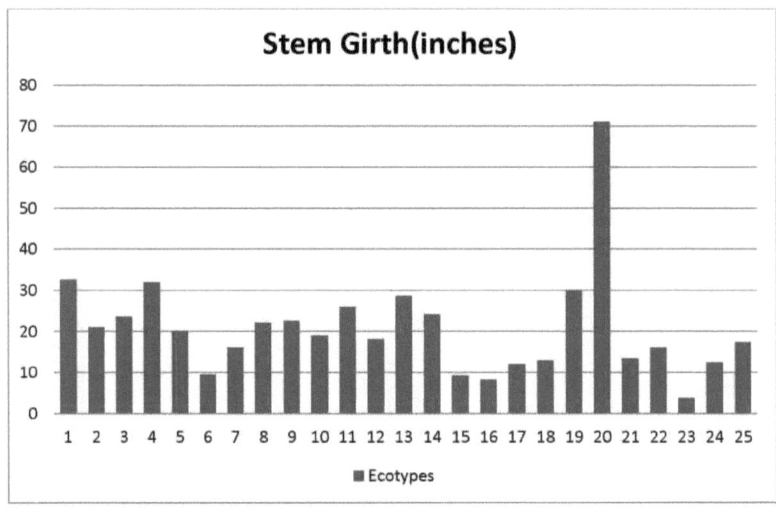

E21 (7,25 pés). Não houve diferença na altura da planta foi observada em E17 e E19. No entanto, E2, E4, E5, E11, E14, E16, E18, E20 e E24 mostraram altura próxima entre 20 pés e 25 pés e todos os outros ecótipos mostraram altura abaixo de 20 pés.

4.1.2 Perímetro da planta

A circunferência da planta foi medida em polegadas (Figura 4.2). Todos os 25 ecótipos de *Ficus palmata* mostraram diferenças no diâmetro das plantas e o diâmetro máximo foi mostrado por E20 que é 71 polegadas e todos os outros ecótipos mostraram menos do que isso e mostraram metade do diâmetro do E20. Depois do E20, o E1 apresentou o diâmetro máximo, que é de 32,6 polegadas, e o E4 e o E19 apresentaram diâmetros de 32 e 30 polegadas, próximos do E1. Isto significa que os diferentes ecótipos de *Ficus palmata* apresentaram uma clara diferença no diâmetro das plantas.

4.1.3 Número de sucursais principais/central

O terceiro parâmetro é o número de ramos principais por planta (Figura 4.3) e o número máximo de ramos principais por planta foi registado em E20, que é 43, e o número mínimo de ramos por planta foi registado em E15. No entanto, E14 e E18 apresentam o mesmo número de ramos por planta, que é de 9. Todos os outros ecotipos apresentaram um número diferente de ramos principais por planta. Existe uma clara diferença entre o E20 e os outros ecótipos, pelo que o E1 e o E10 também apresentaram o mesmo número de ramos por planta, que é de 14,6.

4.1.4 Número de sub-ramificações/ramo

O número de sub-ramos por planta foi calculado (Figura 4.4) e E11 mostrou um número máximo de sub-ramos por planta que é 46 e E19 mostrou

Figura 4.3: Valores médios para o número de ramos principais em 25 ecotipos de *Ficuspalmata*

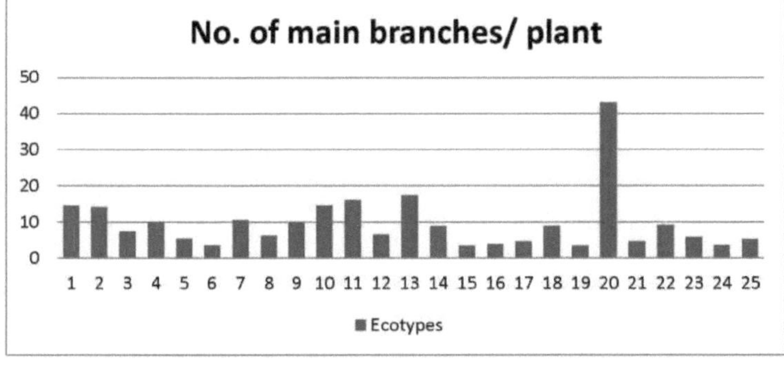

Figura 4.4: Valores médios para o número de sub-ramos/planta em 25 ecotipos de *Ficuspalmata*

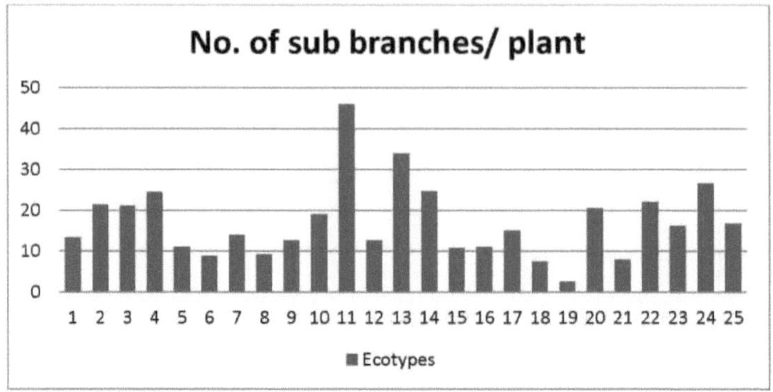

número mínimo de sub-ramos, que é de 2,5. Não há diferença no número de sub-ramos ramos por planta de E9 e E12, que é de 12,6. Todos os outros ecótipos apresentaram entre 7,4 e 34 números de sub-ramos por planta.

4.1.5 Número de folhas/sub-ramos

Os números de folhas por sub-ramo foram calculados (Figura 4.5) e E24 mostrou o número máximo de folhas por sub-ramo que é 318. E o número mínimo de folhas por sub-ramo foi observado em E15, que é 16. No entanto, E17 a E25 mostraram uma gama máxima de números de folhas por sub-ramo. Todos os outros ecótipos mostraram um número de folhas por sub-ramo abaixo do intervalo de E17 a E25.

4.1.6 Índice de área foliar

O índice de área foliar foi medido (Figura 4.6) e o índice de área máximo foi observado em E9 e o índice de área foliar mínimo foi observado em E5. Todos os ecótipos apresentaram índice de área foliar entre 32,77 e 140,86.

4.1.7 Número de frutos/sub-ramos

Foram calculados os números de frutos por sub-ramo (Figura 4.7) e o número máximo de frutos por sub-ramo foi observado em E20, que é 225, e o número mínimo de frutos por sub-ramo foi mostrado pelo ecótipo E6, que é 24. Portanto, E1, E2, E17, E18, E19, E21, E24 e E25 apresentaram de 100 a 168 frutos por sub-ramo. Todos os outros ecótipos apresentaram menos de 100 números de frutos por sub-ramo.

Figura 4.5: Valores médios para o número de folhas / sub-ramo em 25 ecotipos de *Ficus palmata* .

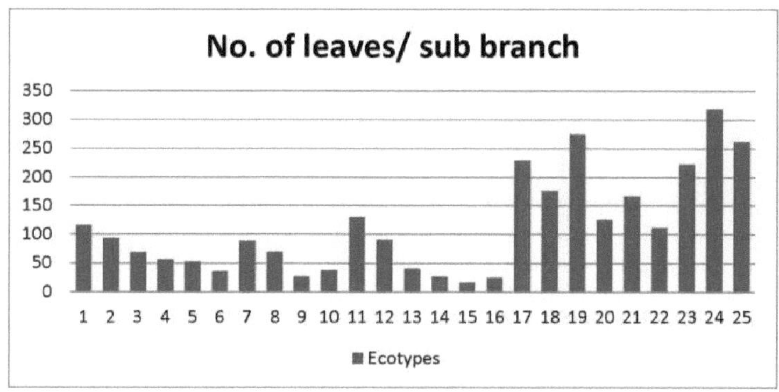

Figura 4.6: Valores médios do índice de área foliar em 25 ecótipos de *Ficus palmata.*

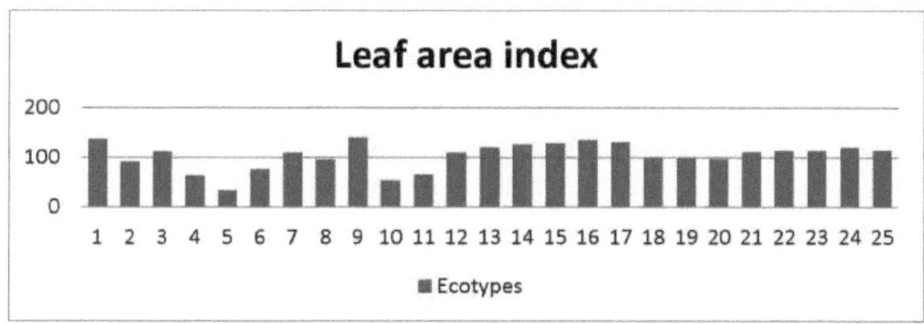

Figura 4.7: Valores médios para o número de frutos / sub-ramos em 25 ecótipos de *Ficuspalmata*

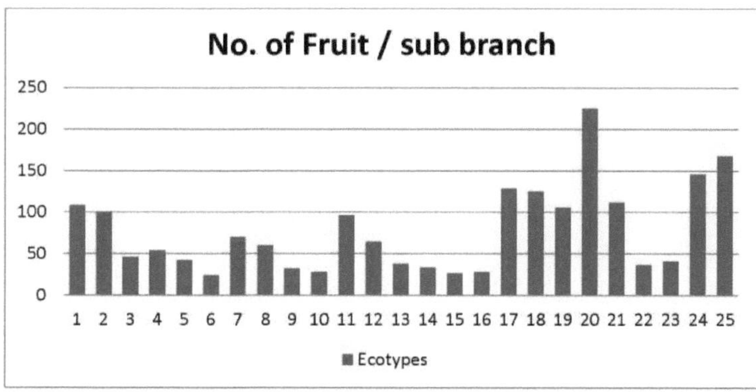

Figura 4.8: Valores médios do peso dos frutos em 25 ecótipos de *Ficus palmata*

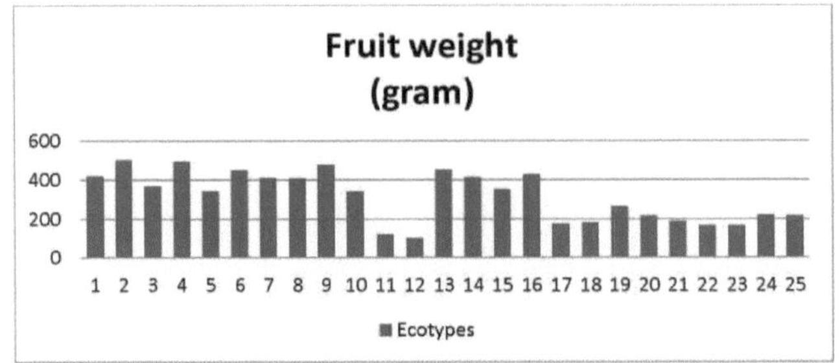

Figura4.9 : Valores médios para o tamanho do fruto em 25 ecotipos de *Ficus palmata*

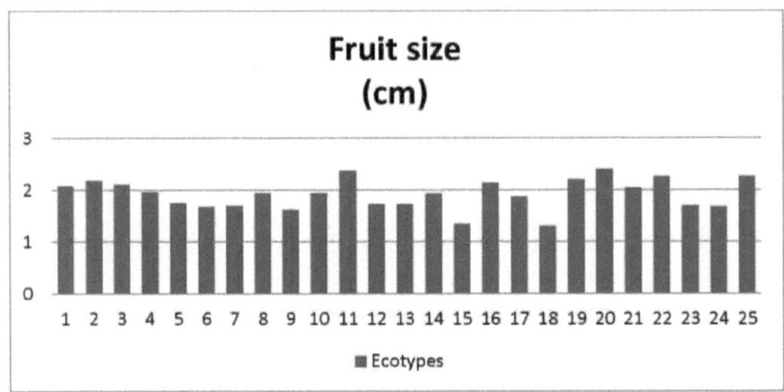

Quadro 4.2: Análise de componentes principais da análise arquitetónica

PC	Eigen value	%variance
1	0.15881	71.446
2	0.0320507	14.419
3	0.0144806	6.5146
4	0.0101625	4.5719
5	0.00355042	1.5973
6	0.00203847	0.91707
7	0.0010879	0.48943
8	8.76088	0.03109
9	9.99314E-05	0.044957

4.1.8 Peso dos frutos

O peso dos frutos foi medido em gramas (Figura 4.8). O peso máximo dos frutos foi observado no E2 e o peso mínimo foi observado no E12. Todos os ecótipos mostraram uma variação no peso do fruto entre 101,12gm e 501,06g

4.1.9 Tamanho dos frutos

O tamanho do fruto foi medido em centímetros (Figura 4.9) e todos os ecótipos de *Ficus palmata* apresentaram valores próximos uns dos outros e os valores variam entre 1,31 e 2,3. O tamanho máximo do fruto foi observado no E11 e o tamanho mínimo do fruto foi observado no E18, que é de 1,31 cm. O E22 e o E25 apresentaram o mesmo tamanho de fruto, que é de 2,26 cm.

4.1.10Análise fatorial e de clusters dos dados arquitectónicos

Foi efectuada uma análise de componentes principais (PCA). A análise de componentes principais mostrou que todos os ecótipos estudados se dividiram em quatro grupos ou clusters (Figura 4.10).

O grupo 1 é constituído por E1, E2, E7, E8 e E4, o que significa que têm os mesmos caracteres morfológicos, enquanto que E17, E19, E20, E24 e E25 estão incluídos no grupo II. Por conseguinte, E3, E5, E10, E6, E14, E15 e E16 estão localizados no 3.º grupo. No quarto grupo encontram-se E11, E12, E21, E22 e E23, enquanto E9 e E13 estão situados entre o grupo I e o grupo III. Observou-se que existe uma relação estreita entre os ecotipos do mesmo grupo, ao passo que foram encontradas dissemelhanças entre os ecotipos de grupos diferentes.

As análises de componentes principais dividem os ecótipos em quatro grupos.
AgregadoI:E1,E2,E4,E7,E8,E9,E13.

Agregado II: E17,E19,E20,E24, E25.

Agregado III: E3,E5,E6,E10,E14,E15,E16.

Agregado IV: E11,E12,E21,E22,E23,E18.

O agrupamento mostra claramente as semelhanças e dissemelhanças entre os ecótipos. Os ecótipos agrupados nos grupos supramencionados indicam claramente que os ecótipos de localidades diferentes expressam padrões morfológicos semelhantes, como no grupo 1 os ecótipos E1 de Pallandri (distrito de Sudhnoti), E7 de Rawalakot (distrito de Poonch) e E13 de Chella Bandi (distrito de Muzaffarabad). Sudhnuti, Rawalakot e Muzaffarabad são distritos diferentes de Azad Jammu e Caxemira, mas os ecótipos para caraterísticas arquitectónicas de *Ficus palmata* foram agrupados no mesmo conjunto. Neste caso, a distância geográfica não causou uma variação significativa no comportamento morfológico dos ecótipos, independentemente do facto de estas zonas serem bastante afastadas umas das outras. Ahmad *et al.* (2008) registaram resultados semelhantes para as populações de oliveira de outono. De forma semelhante, outros grupos também mostraram que os ecótipos pertencentes a localidades diferentes foram colocados no mesmo grupo, o que indica que os ecótipos da mesma área podem ser morfologicamente diversos, independentemente do facto de serem populações das mesmas zonas geográficas. Isto pode ter acontecido devido ao facto de as plantas *Ficus palmata* serem polinizadas pelo vento e por insectos e os pólenes de populações próximas podem ser o fator-chave na criação desta variabilidade. A outra razão possível para esta variação pode ser o facto de todos os ecótipos deste estudo terem sido retirados de florestas selvagens de *Ficus palmata* sem qualquer registo credível da sua idade e do estado nutritivo dos solos em que crescem naturalmente. Conclui-se que a distância geográfica não influenciou o padrão genético dos ecótipos *de Ficus palmata* no que respeita aos parâmetros morfológicos. Os valores Eigen e a %variância são também apresentados no quadro 4.2.

Foi obtido um dendrograma utilizando o programa informático multivariado PAST (Figura 4.11). O dendrograma divide claramente os dados em dois clusters.

Cluster I: E2,E16,E14,E13,E9,E6,E4,E1,E1,E8,E7,E3,E15,E10,E5.

Agregado II: E20,E25,E24,E19,E23,E21,E18,E17,E22,E12,E11.

Estes Clusters também se dividem em sub Clusters, e os sub Clusters dividem-se em grupos. No Cluster If são reconhecidos cinco grupos. Os ecótipos E14 e E16 estão no mesmo grupo. No entanto, os ecótipos E9, E13, E4 e E6 estão no mesmo grupo. E7 e E8 estão no mesmo grupo. E2 é a espécie mais primitiva porque E2 mostra conexão com todos os grupos presentes no Cluster I. E1 mostra relação próxima com E3, E7 e E8, da mesma forma E15 mostra relação próxima com E5 e E10.

No Cluster II são apresentados três grupos. E20 mostra a espécie mais primitiva do Cluster II. E19, E24 e E25 estão no mesmo grupo. E17, E18, E21 e E23 pertencem ao mesmo grupo. E11, E12 e E22 estão no mesmo grupo. E2 foi coletado de Kakrool, que fica no distrito de Sudhnuti, enquanto E20 foi coletado de Sarsawa, que fica no distrito de Kotli, e esses dois ecótipos mostraram clara divergência de outros ecótipos e se apresentam como uma espécie primitiva no dendrograma. Após alguma distância (Figura 4.11), todos estes ecótipos apresentaram a mesma origem, indicando a mesma relação filogenética. Todos estes ecótipos foram colhidos em zonas diferentes do Azad Jammu e Caxemira, pelo que a altitude, a latitude e as condições ambientais não eram as mesmas. Os ecótipos também mostraram diferenças significativas nos parâmetros morfológicos de diferentes zonas, o que revela efeitos altitudinais, latitudinais e ambientais na estrutura da planta. Parmar *et al.* (1982) apresentaram a estrutura da *Ficus palmata* e referiram que a altura da *Ficus palmata* varia entre 6 e 10 metros. As folhas tinham 12,92 cm de comprimento e 14,16 cm de largura, o peso do fruto era de 6,08 gramas e o diâmetro médio era de 2,58 cm.

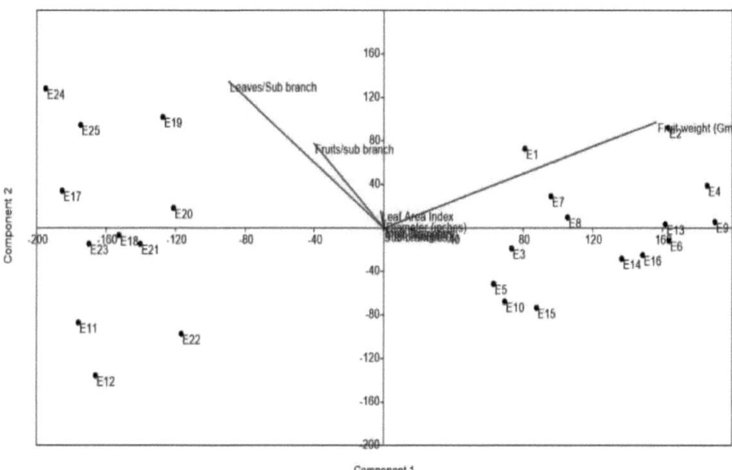

Figura4.10: PCA da análise arquitetónica

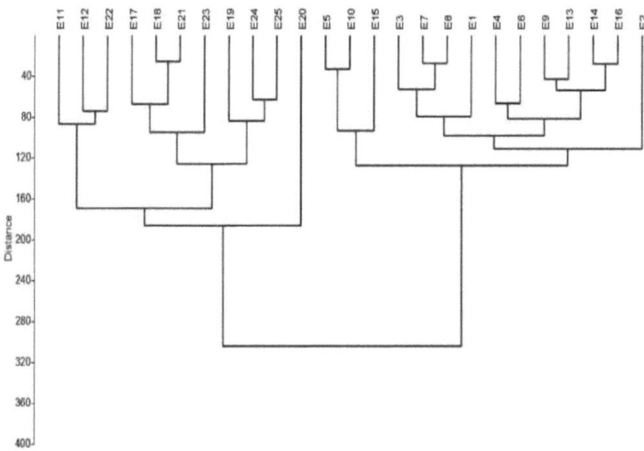

Figura 4.11: Dendrograma baseado na distância média de ligação para análise arquitetónica

Yogesh *et al.* (2014) realizaram uma investigação sobre *Ficus palmata* (figueira selvagem dos

Himalaias) e descreveram a morfologia de *Ficus palmata*. Estes resultados estão em conformidade com o trabalho de Yogesh *et al.* (2014) obtido do ponto de vista arquitetónico.

Tiwari *et al.*(2014) trabalharam na taxonomia, distribuição e diversidade de *Ficus palmata* Forssk. na Índia e descreveram o estatuto de *Ficus palmata* e também confirmaram a diferença entre *Ficus palmata* e *Ficus Carica* do ponto de vista morfológico. Os resultados do presente estudo estão de acordo com Tiwariet *al.*(2014).

4.2 CARACTERÍSTICAS BIOQUÍMICAS

Foram efectuadas análises para estimar o ácido ascórbico, o teor de óleo, os hidratos de carbono, as proteínas e a acidez dos frutos de *Ficus palmata*. Os dados foram submetidos a análise estatística utilizando o programa informático MSTATC e os resultados foram apresentados sob a forma de tabelas, ANOVA e gráficos. Os valores médios e a ANOVA foram apresentados no quadro 4.3. O gráfico mostrou claramente a imagem da diversidade em diferentes ecótipos de *Ficus palmata* cultivados no Azad Jammu e Caxemira.

4.2.1 Ácido ascórbico (Vitamina C)

Os valores médios e a tabela ANOVA dos ecótipos *de Ficus palmata* apresentados na Tabela 4.3 mostraram uma variação significativa. O valor mais alto de vitamina C foi mostrado por E10, que é 3,333, e o valor mais baixo de vitamina C foi mostrado por E2 e E15. Estes resultados também foram representados num gráfico (Figura 4.12). O E1 também apresentou um valor mais elevado de vitamina C, que é de 3,2 mg/100g. E7 e E8 apresentaram quase os mesmos valores. A ANOVA mostrou que os dados são altamente significativos.

Tabela 4.3: Valores médios e ANOVA da análise bioquímica

Ecotypes	**Vit C (mg/100g)**	**Fruit Pulp Oil(g/100g)**	**Sucrose (mg/l)**	**Glucose (mg/l)**	**Protein (mg/l)**	**Ph**
E1	3.2ab	18.3ij	4.7mn	4.7o	1.7f-i	6.16a
E2	0.85hij	19.8h-j	11.76i-l	12.61jk	1.37j	5.43b
E3	1.45d-i	33.83cd	28.09a	27.81a	2.87bc	6.23a
E4	3.14ab	41.67ab	25.25a-c	7.99mn	1.83f-h	5.31b
E5	2.82a-c	34.53cd	11.48i-l	9.83lm	2.39de	4.74c-e
E6	1.17g-i	19.68h-j	13.68g-k	11.68jkl	1.59g-j	3.31fg
E7	0.79ij	20.53g-j	16.59e-i	4.39o	1.87fg	4.32e
E8	0.80ij	21.83g-i	9.078k-n	6.297no	1.62g-j	6.16a
E9	2.31a-e	24.50g-i	5.63mn	12.61jk	2.41de	3.16gh
E10	3.33a	19.50h-j	12.97h-k	15.94hi	2.89bc	2.82h
E11	2.96ab	22.83g-i	21.51b-e	21.29de	1.54hij	4.83cd
E12	1.88c-h	31.50d-f	24.32a-d	19.27ef	0.31l	5.16bc
E13	1.32e-i	42.50a	19.03d-g	18.43fg	0.87k	5.16bc
E14	0.85hij	42.16a	20.89c-f	14.08ij	0.48l	4.85cd
E15	0.25j	42.16a	8.85k-n	26.25ab	2.32e	5.16bc
E16	1.17g-j	31.83c-f	10.43j-m	22.61cd	3.14ab	6.16a
E17	2.73abc	19.16h-j	9.15k-n	24.22bc	3.29a	5.86a
E18	2.50a-d	14.33j	5.29mn	6.75no	2.66cd	6.16a
E19	3.01ab	38.16abc	4.05n	10.07lm	1.88fg	6.00a
E20	2.74a-c	32.50cde	5.99lmn	15.70hi	1.94f	4.50de
E21	2.15b-g	20.66g-j	4.92mn	17.26f-h	1.49ij	3.70f
E22	1.21f-j	42.50a	17.61e-h	16.44g-i	3.06ab	2.82h
E23	1.90c-h	35.33b-d	26.87ab	11.12kl	2.48de	6.16a
E24	2.76abc	25.53f-h	24.02a-d	9.54lm	1.45ij	5.33b
E25	2.24b-f	27.00e-g	15.20f-j	8.32mn	1.71f-i	6.16a
ANOVA						
Degree of freedom	24	24	24	24	24	24
Sum of squares	61.840	6091.535	4267.905	3211.834	44.478	90.206
Mean square	2.577	253.814	177.829	133.826	1.853	3.759
F value	6.6212	16.8667	14.8466	61.5337	58.7485	58.7030
LSD@0.05	1.051	6.537	5.832	2.485	0.3015	0.4263

NB: Os valores seguidos de letras semelhantes não são significativos entre si.

Yogesh *et al.* (2014) relataram que a fruta não é a fonte mais rica de vitamina C e contém apenas 3,3 mg por 100g de polpa. Os nossos resultados estão de acordo com estes estudos, com a vitamina C a variar entre 0,850mg/100g e 3,333mg/100g. O teor variável de vitamina C nos ecótipos exprime a diversidade biológica entre eles no Azad Jammu e Caxemira. As diferentes áreas do Azad Jammu e Caxemira variam em termos de topografia e microclima, pelo que a diversidade de caracteres entre as populações pode dever-se a alguns factores fisiológicos. Os nossos resultados não coincidem com os de Hegazy *et al.* (2013), que referiram a presença de 37 ml/100 g de vitamina C no fruto de *Ficus palmata*. Parmar *et al.* (1982) também relataram que o conteúdo de vitamina C em *Ficus palmata* era de 3,35mg/100g de polpa e os frutos não eram ricos em vitamina C. Os nossos resultados também concordam com os de Parmar.

4.2.2 Teor de óleo dos frutos

A percentagem de óleo dos frutos de *Ficus palmata* de diversas áreas também variou em diferentes ecótipos. O valor médio e a ANOVA foram apresentados no quadro 4.3. A ANOVA mostrou que os dados são altamente significativos em resposta ao teor de óleo. Os mesmos valores nos dados mostram não significância entre si, mas valores diferentes mostram significância entre si. Esses valores também são mostrados no gráfico (Figura 4.13). Os valores mais altos de teor de óleo em diferentes ecótipos de Ficus *palmata* são mostrados por E13, E14 e E15, que é 42,500%. O valor mais baixo de 14,333% foi apresentado por E18. O valor do teor de óleo nos ecótipos *de Ficus palmata* variou entre 14,333% e 42,500%. E1 e E2 também apresentam valores próximos um do outro. Chandra e Saklani (2012) relataram que o teor de óleo no fruto *de Ficus palmata* é de 4,71%, enquanto no nosso estudo foi observado um elevado valor do teor de óleo. Os presentes resultados sobre o teor de óleo na polpa de *Ficus palmata* não concordam com a observação de Chandra.

Figura4.12: Comparação da vitamina C entre 25 ecótipos de *Ficus palmata*

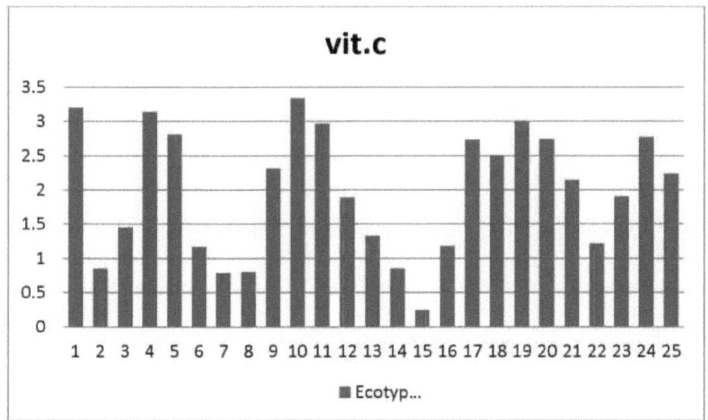

Figura 4.13: Comparação do teor de óleo na polpa entre 25 ecótipos de *Ficus palmata*

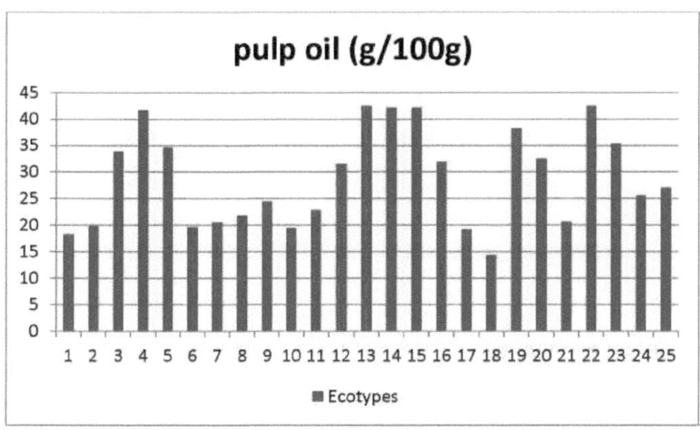

A diferença entre os resultados dos presentes estudos deve-se ao facto de os frutos da presente investigação terem sido colhidos em zonas mais diversas, com diferentes altitudes e condições climáticas. O enorme teor de óleo dos frutos de Ficus palmata do Azad Jammu e Caxemira poderia ser explorado para fins comerciais, uma vez que o óleo de Ficus palmata tem um grande valor medicinal e comestível.

4.2.3 Hidratos de carbono

Os hidratos de carbono foram estimados para os açúcares redutores (glicose) e não redutores (sacarose). Os valores médios e a ANOVA foram apresentados na Tabela 4.3. No caso do açúcar redutor (glicose), a ANOVA mostrou que os dados são altamente significativos. O valor médio variou de 4,737 mg/l a 27,807 mg/l. Estes resultados também são apresentados num gráfico (Figura 4.14). O valor mais elevado de glucose em diferentes ecótipos de *Ficus palmata* cultivados em AJK foi de 27,807 mg/l e apresentado pelo ecótipo E3, enquanto o valor mais baixo foi de 4,737 mg/l apresentado pelo E1. O ecótipo E25 também apresenta um valor máximo de 26,253 mg/l. Todos os ecótipos de *Ficus palmate* mostraram diversidade na concentração de açúcares redutores. No que respeita aos açúcares não redutores (sacarose), a ANOVA também mostrou que os dados são altamente significativos (quadro 4.7). Os valores médios variaram entre 4,051 mg/l e 28,091 mg/l. Estes resultados também são apresentados no gráfico (figura 4.15). Todos os ecótipos apresentam diferenças nos valores de sacarose, o que significa que os diferentes ecótipos apresentam diversidade. Parmaret *al* referiu que o fruto de *Ficus palmata* contém 5,58 % de açúcares totais e que a maior parte dos açúcares se encontra sob a forma de açúcares redutores. O presente estudo mostra valores elevados de hidratos de carbono do que os resultados de Parmar. Hegazy *et al.*(2013) também relataram que o total de hidratos de carbono presentes nos frutos *de Ficus palmata* é de 28,74 % e o nosso resultado concorda com os resultados de Hegazy.

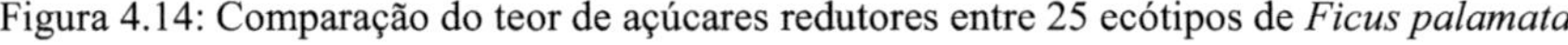

Figura 4.14: Comparação do teor de açúcares redutores entre 25 ecótipos de *Ficus palamata*

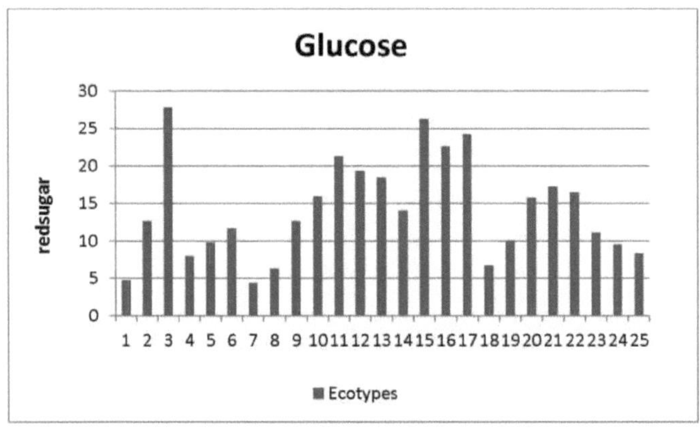

Figura 2.15: Comparação do teor de açúcares não redutores entre 25 ecótipos de *Ficus palmata*

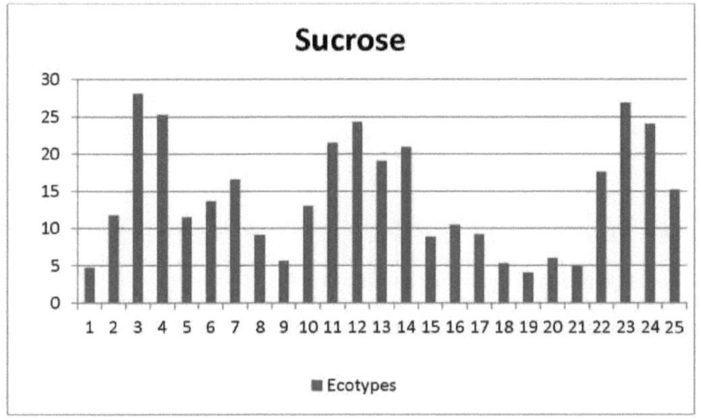

hidratos de carbono (28,09 27,80mg/l), que é superior à fonte mais conhecida de hidratos de carbono em alguns frutos importantes para o comércio (maçã 13,4 % e banana 27,2 %) Gupalan *et al.*(1985). Chandra e saklani (2012) também referiram que os hidratos de carbono no fruto *de Ficus palmata* são 20,78 %. Os nossos resultados também concordam com os de Chandra e Saklani.

4.2.4 Proteína em frutos *de Ficus palmata*

O teor de proteínas dos frutos de *Ficus palmata* de diversas áreas também variou em diferentes ecótipos. Os valores médios e a ANOVA foram apresentados no Quadro 4.3. A ANOVA mostra que os dados são altamente significativos. O valor médio das proteínas variou entre 0,313 e 3,289 mg/l. O valor mais elevado do teor de proteínas nos ecótipos *de Ficus palmata* cultivados em AJK foi apresentado pelo ecótipo E17, que é de 3,289 mg/l, e o valor mais baixo foi apresentado pelo ecótipo E12, que é de 0,313 mg/l. O E17 e o E22 também apresentam valores máximos, que são de 3,289 mg/l e 3,06 mg/l. Todos os ecótipos apresentam diversidade no que respeita ao teor de proteínas.

Parmar et al (1982) relataram que o teor de proteína do fruto é de 1,72%. Os nossos resultados mostram valores mais elevados, mas concordam com os resultados de Parmar. Chandra e sakalani (2012) descobriram que a proteína presente no fruto de *Ficus palmata* é de 4,06% e o nosso estudo mostra semelhança com estes resultados. Hegazy et al.(2013) também relataram que a proteína presente em Ficus palmata é de 2,17 %, o nosso resultado também variou de 0,313 a 3,33 %.

4.2.5 pH do fruto *de Ficus palmata*

Foi também determinada a acidez ou o pH dos frutos *de Ficus palmata* recolhidos em diversos locais do Azad Jammu e *Caxemira*. Os valores médios e a ANOVA são apresentados no (quadro 4.9). A ANOVA mostrou que

Os dados são altamente significativos. Os valores de pH variaram de 2,827 a 6,167, o que significa que *Ficus*

Figura4.16: Comparação dos teores de proteínas entre 25 ecótipos de *Ficus palmata*

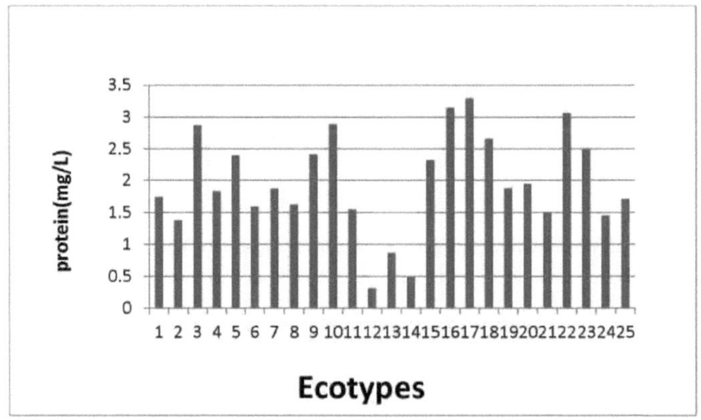

Figura 4.17: Comparação do pH entre 25 ecótipos de *Ficus palmata*

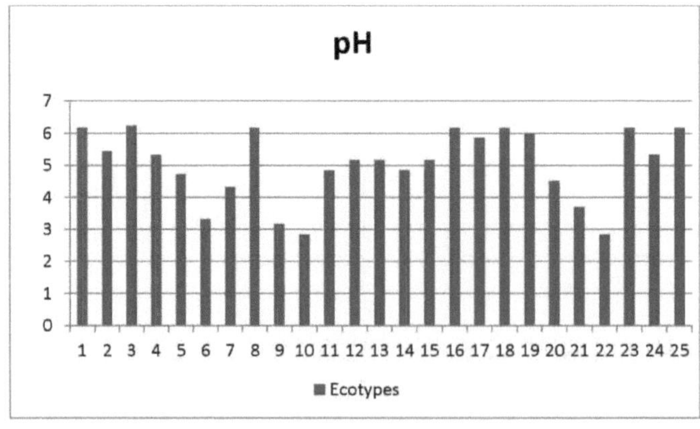

O sumo *de palmata* é altamente ácido. Esses resultados também foram apresentados em gráfico (Figura 4.17). O valor mais alto de 6,167 foi mostrado pelos ecótipos E1, E3, E19, E18, E23 e E25 e o valor mais

baixo foi mostrado pelo E22, que é 2,827. Muitos ecótipos apresentam aproximadamente os mesmos valores. Parmar *et al* (1982) referiram que o fruto de *Ficus palmata* contém uma acidez de 6,71 %, enquanto os nossos resultados mostraram os mesmos valores. Isto significa que os nossos resultados concordam com os de Parmar.

4.2.6Análise de componentes principais de caraterísticas bioquímicas

A análise de componentes principais mostrou que todos os ecótipos estudados de *Ficus palmata* podem ser divididos em quatro grupos (Figura 4.18). Os ecótipos E3, E4, E11, E12 e E24 estavam localizados no primeiro grupo, enquanto os ecótipos E6, E7, E10 e E24 estavam reunidos no segundo grupo. Do mesmo modo, o terceiro grupo inclui E5, E13, E15, E16 e E19, enquanto o quarto grupo é constituído por E17, E21 e E20. Os restantes ecótipos situam-se entre estes grupos, o que significa que estes ecótipos apresentam semelhanças em termos de caraterísticas bioquímicas com todos os grupos. Observou-se que existe uma relação estreita entre os ecótipos do mesmo grupo, ao passo que foi encontrada diversidade entre ecótipos de grupos diferentes do ponto de vista bioquímico.

4.2.7 Análise de agrupamento de caraterísticas bioquímicas

O dendrograma obtido usando a distância média de ligação para caraterísticas bioquímicas revela que todos os vinte e cinco ecótipos *de Ficus palmata* podem ser divididos em dois grupos principais: Cluster1 e Cluster2 (Figura 4.19).

Agregado 1

É constituído por cinco grupos. Os ecótipos E8 e E17 encontram-se no mesmo grupo, enquanto o E2 forma um grupo irmão com este grupo. Os ecótipos E10 e E21 formam o grupo 11 e apresentaram

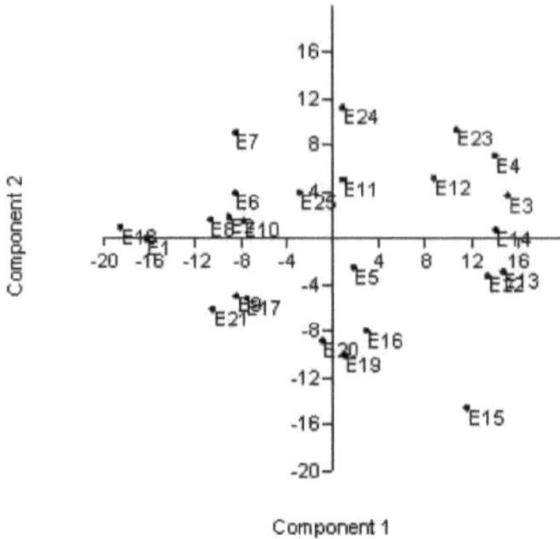

Figura 4.18: PCA da análise bioquímica

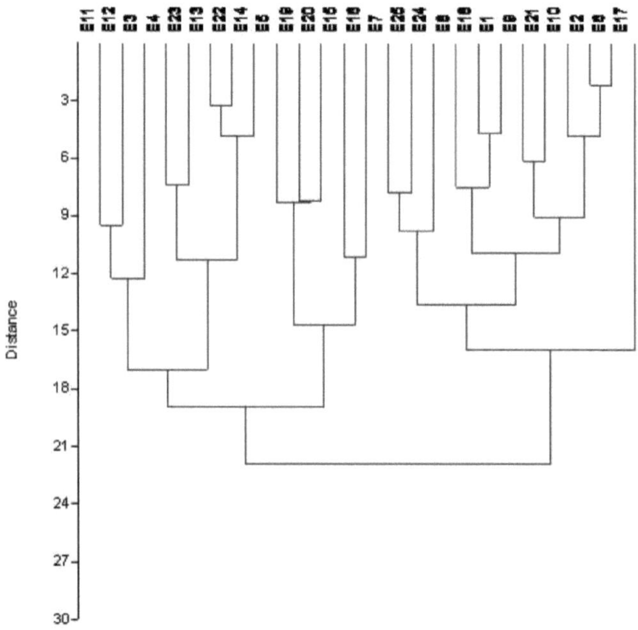

Figura 4.19: Dendrograma baseado na distância média de ligação para caraterísticas bioquímicas

100% de semelhança entre si. O terceiro grupo é constituído por E8 e E1, enquanto E24 e E25 formam o quarto grupo. Os ecotipos E18 e E9 formam um grupo irmão com o terceiro e quarto grupos. Pode analisar-se que os ecotipos dentro do grupo mostraram semelhanças entre si, enquanto os ecotipos fora dos grupos mostraram dissemelhanças entre si.

Agregado 2

O agrupamento 2 pode ser dividido em dois subagrupamentos e os subagrupamentos também se dividem em grupos. No subagrupamento 1, formaram-se dois grupos. Os ecotipos E7 e E16 estavam localizados no mesmo grupo, enquanto os ecotipos E15 e E20 estavam no mesmo grupo. O ecotipo E19 forma um grupo irmão com estes grupos. No subgrupo 2, formaram-se três grupos em que E14 e E22 mostraram semelhança entre si e foram colocados no mesmo grupo. Da mesma forma, E13 e E23 foram colocados no mesmo grupo. Os ecotipos E2, E12 e E13 formam o mesmo grupo e E4 forma um grupo irmão com este grupo. O ecótipo E17, obtido em Rara, no distrito de Muzaffarabad, apresentou divergências em relação a todos os outros ecótipos e forma um grupo irmão.

4.3 ESTIMATIVA DOS NUTRIENTES MINERAIS

Os ecótipos *de Ficus palmata* também foram comparados com base nos teores de Fósforo, Cálcio, Magnésio e Ferro. Os valores médios e a ANOVA foram apresentados no Quadro 4.4. Todos os elementos minerais apresentaram resultados significativos.

4.3.1 Fósforo

O fósforo foi estimado em ecótipos de *Ficus palmata* cultivados no AJK. O valor de

O fósforo variou de 64,2 a 99,76 mg/100g. O valor mais alto foi apresentado pelo ecótipo E1 e o valor mais baixo foi apresentado pelo ecótipo E8. A maioria dos ecótipos apresenta os mesmos resultados.

Tabela 4.4: Valores médios dos elementos minerais nos frutos de *Ficus palmata*

Ecotypes	Phosphorus (mg/100g)	Calcium (mg/100g)	Magnesium (mg/100g)	Iron (mg/100g)
E1	99.76a	240.66ab	101.66ab	3.10bc
E2	74.83i	234.66ab	99.77bcd	1.76j
E3	92.83de	220.33bc	101.66ab	1.86j
E4	94.60bcd	250.66a	95.66e	2.63fgh
E5	92.76de	210.33cde	90.78fg	2.53h
E6	65.96k	193.33d-i	85.73i	2.76ef
E7	71.40j	201.33c-f	95.63e	1.53kl
E8	64.23k	181.66f-i	80.73k	1.70jk
E9	97.60ab	184.00f-i	87.43hi	2.56gh
E10	93.50cde	175.00i	92.93f	3.13bc
E11	94.43bcd	178.66ghi	95.96e	3.13bc
E12	88.63fg	208.00cde	101.33ab	2.73efg
E13	85.73gh	236.00ab	76.40l	2.60fgh
E14	64.36k	241.66a	92.70f	3.10bc
E15	98.63a	181.66fghi	97.56de	1.46l
E16	86.76gh	213.00cd	98.73cd	1.80j
E17	74.60ij	198.33d-g	101.66ab	2.60fgh
E18	72.53ij	210.00c-e	102.66a	3.00cd
E19	83.53h	190.33e-i	92.76f	2.86de
E20	87.60fg	177.66hi	98.60cd	2.26i
E21	92.86de	206.66cde	88.60gh	2.83de
E22	90.80ef	196.33d-h	83.20j	3.23ab
E23	97.06ab	210.00c-e	78.80kl	3.40a
E24	90.83ef	238.33ab	62.43m	3.00cd
E25	96.60abc	236.66ab	100.00bc	2.70e-h
ANOVA				
Degree of Freedom	24	24	24	24
Sum of Squares	9342.467	39223.787	7015.965	23.447
Mean Squares	389.269	1634.324	292.332	0.977
F value	104.2879	11.1684	143.0347	80.8878
LSD @0.05	3.256	20.39	2.409	0.1846

NB: Os valores seguidos de letras semelhantes não são significativos entre si.

Figura 4.20: comparação dos teores de fósforo entre 25 ecótipos de *Ficus palmata*

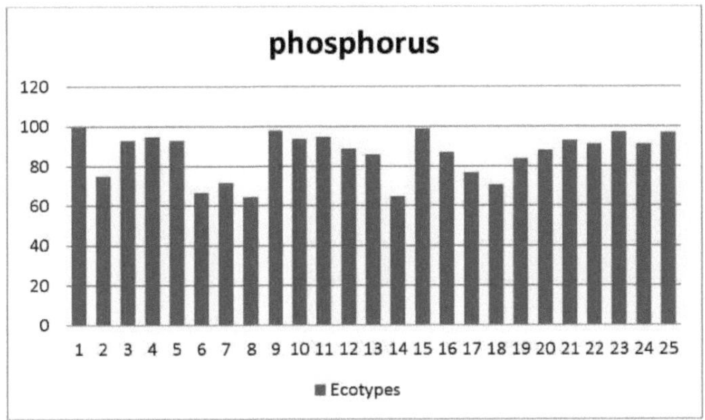

Figura4.21: Comparação dos teores de cálcio entre 25 ecótipos de *Ficus palmata*

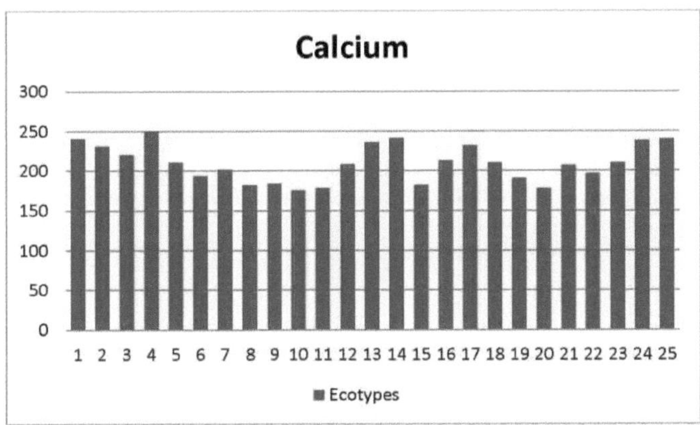

Figura4.22: Comparação dos teores de magnésio entre 25 ecótipos de *Ficuspalmata*

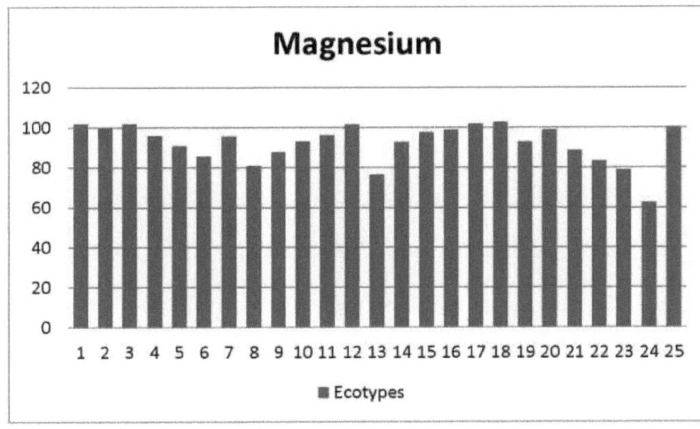

Figura4.23: Comparação dos teores de ferro entre 25 ecótipos de *Ficus palmata*

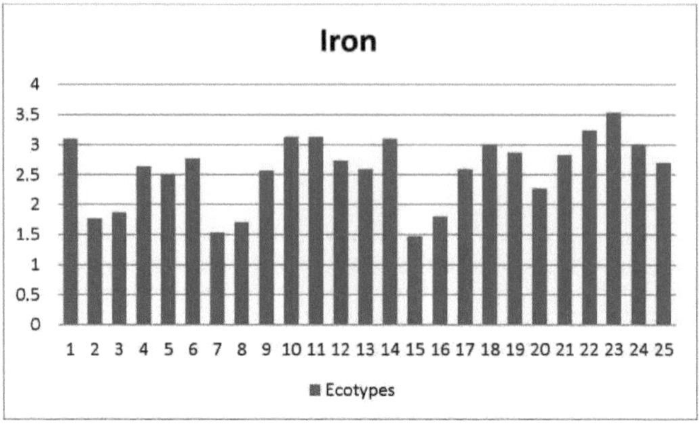

4.3.2 Cálcio

O valor mais elevado de cálcio foi apresentado pelo E4, que foi de 250,7 mg/100g. Os valores médios de cálcio variaram entre 175 e 250 mg /100g. O valor mais baixo de cálcio foi registado no ecótipo E10 de *Ficus palmata* cultivado em AJK, com 175 mg/100g. Os ecótipos E14, E24 e E25 também apresentam valores mais elevados, aproximadamente superiores a 200 mg/100 g. Não se observaram diferenças específicas entre os ecótipos de *Ficus palmata* em resposta aos teores de cálcio.

4.3.3 Magnésio

O valor mais alto de magnésio foi observado no ecótipo E18, que é 102,7 mg/100g, e o valor mais baixo foi observado no ecótipo E13, que é 76,4 mg/100g. Os valores de magnésio variaram entre 62,4 mg/100g e 102,7 mg/100g, o que significa que todos os ecótipos de *Ficus palmata* não apresentam uma grande diversidade nos teores de magnésio.

4.3.4 Ferro

Os ecótipos *de Ficus palmata* recolhidos em diversos locais do Azad Jammu e Caxemira mostram uma diferença significativa nos teores de ferro. Os valores de ferro variaram de 1,4 a 3,53 mg/100g. O valor mais elevado foi apresentado pelo ecótipo E23 e o valor mais baixo pelo ecótipo E15. Todos os ecótipos apresentaram diversidade nos teores de ferro.

4.3.5 Discussão

Hegazy et al. (2013) relataram que o Cálcio, Magnésio, Ferro e Fósforo em *Ficus palmata* é de 65, 37,67, 3,13 e 32,67 mg/100g, respetivamente. O nosso resultado mostra valores mais elevados destes elementos minerais do que o relatório Hegazy. Chandra e Saklani (2012) relataram que o nível de nutrientes como cálcio, magnésio, potássio e fósforo em Ficus palmata é de 65, 37, 3 e 32,67 mg/100g, respetivamente.

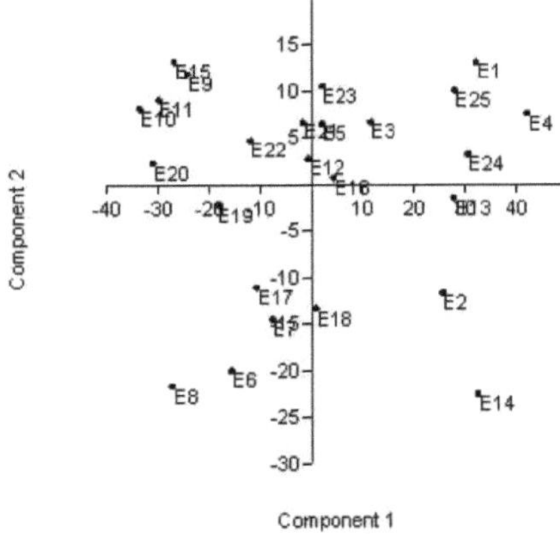

Figura 4.24: PCA de nutrientes minerais

Fósforo (1,54, 0,92, 1,58 e 1,88 mg/gm), respetivamente. Os nossos resultados também variaram entre estes valores.

O presente estudo também concordou com a investigação de Yogesh *et al* (2014), que mostrou que os elementos minerais como o Cálcio, Magnésio, Ferro e Fósforo foram encontrados a 0,071, 0,076, 0,004 e 0,034 respetivamente em *Ficus palmata.*

4.3.6 Análise de componentes principais de nutrientes minerais

A análise de componentes principais dos nutrientes minerais mostrou que todos os ecótipos estudados de *Ficus palmata* cultivados no Azad Jammu e Caxemira podem ser divididos em quatro grupos (Figura 4.24). O grupo 1 é constituído pelos ecótipos E3, E1, E24, E25, E12, E5 e E13, enquanto os ecótipos E15, E9, E10, E11, E20 e E22 estão reunidos no segundo grupo. Do mesmo modo, o terceiro grupo inclui apenas quatro ecotipos, nomeadamente E2, E13, E14 e E18, enquanto o quarto grupo inclui E6, E8, E17, E15 e E19. Observou-se que existe uma relação estreita entre os ecótipos do mesmo grupo, enquanto foi encontrada diversidade entre ecótipos de grupos diferentes na estimativa de nutrientes minerais.

4.3.7 Análise de agrupamento de nutrientes minerais

O dendrograma obtido utilizando a distância média de ligação para os nutrientes minerais mostrou que todos os vinte e cinco ecótipos *de Ficus palmata* podem ser divididos em dois grupos principais: Cluster1 e Cluster2 (Figura 4.25).

Agregado 1

Consiste em apenas sete ecótipos, nomeadamente, E24, E13, E14, E2, E1, E25 e E4, em que E24 e E13 mostraram semelhança entre si e formam um grupo. Os ecótipos E14 e E2 formam o grupo 2 e apresentaram 100% de semelhança entre si. Outro grupo é composto por E25 e E1, enquanto E4 forma um cluster irmão com este grupo. Pode ser analisado que os ecótipos dentro do grupo mostraram semelhanças entre si, enquanto os ecótipos fora dos grupos mostraram dissimilaridade entre si.

Agregado 2

O subgrupo 2 pode ser dividido em dois subgrupos e os subgrupos também se dividem em seis grupos. No subagrupamento 1, formaram-se dois grupos, nos quais os ecotipos E22 e E19 foram colocados no mesmo grupo, enquanto os ecotipos E10 e E11 apresentaram 100% de semelhança entre si e foram colocados no mesmo grupo. No subgrupo 2 formaram-se quatro grupos, nos quais os ecotipos E21 e E5 apresentaram semelhanças entre si e foram colocados no grupo 1 e o ecotipo E23 formou um grupo irmão com este grupo. O segundo grupo é constituído pelos ecótipos E16 e E12 e o ecótipo E3 forma um grupo irmão com o segundo grupo. Do mesmo modo, o terceiro grupo é constituído pelos ecótipos E17 e E7, enquanto o E18 forma um grupo irmão com este grupo. Os ecotipos E8 e E9 formam o quarto grupo. Os ecótipos agrupados em diferentes grupos indicam claramente que, com base nos nutrientes minerais, a diversidade entre eles não se deve à distância geográfica. Os factores ambientais, incluindo a atmosfera e a poluição, a estação de recolha da amostra, a idade da planta e as condições do solo em que a planta cresce, afectam a concentração dos elementos. Os resultados elementares dos frutos selvagens *de Ficus palmata* mostram que muitos destes frutos

contêm

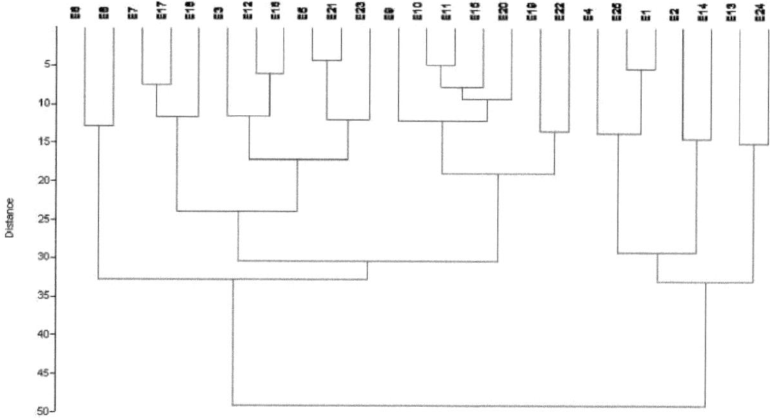

Figura 4.25: Dendrograma baseado na distância média de ligação para nutrientes minerais

elementos de importância vital no metabolismo do homem e que são necessários para o crescimento, desenvolvimento, prevenção e tratamento de muitas doenças. A similaridade na base do desempenho morfológico não significa necessariamente que as populações exibirão comportamento similar em seus constituintes bioquímicos e minerais. Muitos factores estão envolvidos na síntese de metabolitos, para além das condições ambientais e do solo.

4.4 CARACTERIZAÇÃO MOLECULAR

4.4.1 Isolamento do ADN genómico

O ADN genómico de vinte e cinco ecótipos de *Ficus palamata* recolhidos em diferentes zonas de Azad Jammu e Caxemira foi extraído pelo método CTAB (Richard, 1997) com algumas modificações (Figura 4.26). A quantidade e a qualidade do ADN extraído foram verificadas através da sua passagem por um gel a 1,5%. A concentração de ADN foi determinada por espetrofotómetro a 260 nm e a pureza do ADN genómico foi medida por absorvância a 280 nm.

4.4.2 Otimização das condições de PCR

Foram aplicados cinco primers SSR e ISSR. Todos os primers deram um padrão de bandas reprodutível. A reação de PCR foi realizada utilizando PCR em gradiente após otimização de diferentes condições de PCR. A mistura de reação com um volume de 25 micro litros consiste em 10,5 micro litros de água sem nuclease, 12,5 micro litros de mistura principal de PCR, 1 micro litro de iniciador e 1 micro litro de ADN modelo. Verificou-se que a temperatura de recozimento dos iniciadores SSR e ISSR era a indicada no quadro 4.5.

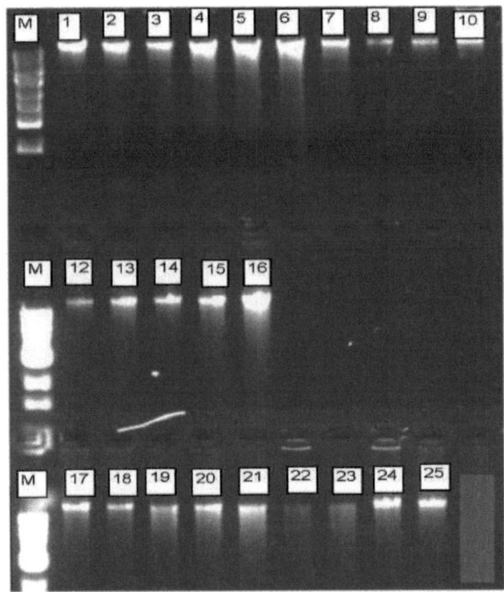

Figura 4.26: ADN genómico extraído de 25 ecótipos *de Ficus palmata*

Tabela 4.5: Primers e respectiva temperatura de recozimento

Primers	Annealing Temperature
ISSR	
UBC 807	51^0 C
UBC 810	54^0 C
UBC 812	52^0 C
UBC 816	52^0 C
UBC 817	51^0 C
SSR	
MFC1	49.0^0 C
MFC2	50.4^0 C
MFC3	54.5^0 C
MFC4	48.9^0 C
MFC6	51.8^0 C

A confirmação dos produtos amplificados foi efectuada através da análise dos produtos da PCR num gel de agarose a 1,5%. Após a eletroforese em gel, o gel foi corado com tampão de brometo de etídio e a banda foi observada sob UV utilizando o sistema de documentação Dolphin Doc plus.

4.4.3 Análise de repetições de sequências simples (SSR) e de repetições de sequências inter-simples (ISSR)

Foram utilizados cinco SSR (MFC1,MFC2,MFC3,MFC4, MFC6) e cinco ISSR (UBC806, UBC810, UBC812, UBC816, UBC817).

4.4.4 Análise SSR com o iniciador MFC1

O número total de bandas produzidas por MFC1 em 25 ecótipos de *Ficus palmata* foi de 05, variando em tamanho de aproximadamente 50-500 pares de bases (pb) (Figura 4.27)

Foram utilizados os 25 ecótipos, o que resultou na amplificação de fragmentos de ADN de diferentes tamanhos. De um total de 05 bandas, 04 bandas eram polimórficas, mostrando 80 % de polimorfismo, e uma banda era monomórfica. No entanto, não foram observadas bandas raras e específicas entre os fragmentos amplificados de MFC1. A maior banda amplificada nos ecótipos 8 e 9 foi de 500 pb.

4.4.5 Análise de clusters com base nos produtos amplificados por MFC1

O dendrograma baseado em UPGMA Cluster mostrou que os ecótipos *de Ficus palmata* estudados podem ser divididos em Cluster 1 e Cluster 2 (Figura 4.28).

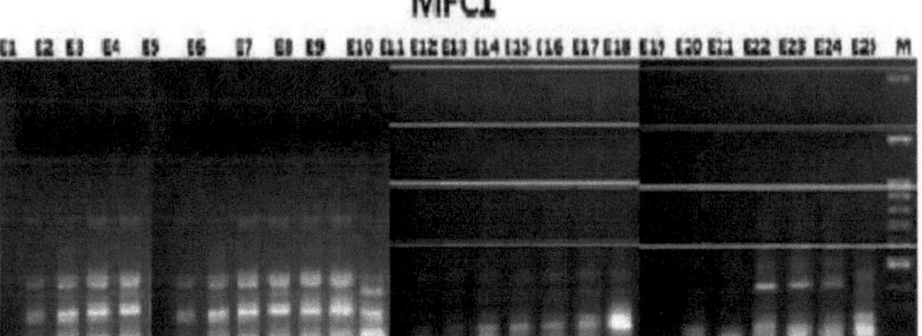

Figura 4.27: Perfil SSR de 25 ecótipos *de Ficus palmata* com o iniciador MFC1 M:100 Kb ladder(fermentas)

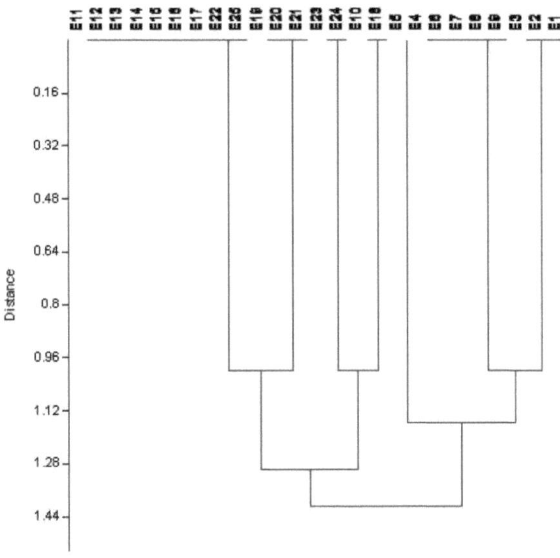

Figura4.28: Dendrograma UPGMA mostrando a relação genética entre diferentes ecótipos *de Ficus palmata* com base no perfil SSR MFC1.

Agregado 1

O agrupamento 1 é constituído por nove ecótipos: E1, E2, E3, E6, E8, E9, E4, E5 e E7. O agrupamento

1 é constituído por um subagrupamento e estes agrupamentos também estão divididos em grupos. No subagrupamento (a), E1, E2, E3, E8, E9, E7 e E6 formam um grupo semelhante, enquanto E4 e E5 formam um agrupamento irmão dos ecótipos supramencionados e demonstraram uma semelhança global entre si. E1, E2, E3 e E8 formam um grupo, o que significa que são cem por cento semelhantes entre si.

Agregado2

O agrupamento 2 é constituído por 16 ecotipos que mostraram semelhança entre si. O agrupamento 2 é constituído por dois subagrupamentos b e c, também divididos em grupos. O grupo 2 é constituído pelos ecotipos E18, E10, E23 e E24, enquanto o grupo 3 é constituído pelos ecotipos E21, E20, E19 e E25. Os ecotipos do mesmo grupo mostraram cem por cento de semelhança e os ecotipos de grupos diferentes mostraram dissimilaridade e diferença entre si.

4.4.6 Análise SSR com o iniciador MFC2

O tamanho das bandas amplificadas produzidas pelo MFC2 variava entre 50-480 pares de bases (pb), como se pode ver na Figura 4.29

Foram amplificadas um total de 05 bandas, revelando um polimorfismo de 80%. O total de bandas polimórficas foi de 04 e não foi observada nenhuma banda monomórfica. A maior banda de 480 foi observada em E22 a E25 e o número mínimo de bandas foi observado em E1 e E2. E3 e E19 também apresentam um número mínimo de bandas. A banda polimórfica de 300 pb foi observada em todos os ecótipos, o que mostra que estão estreitamente relacionados. Além disso, observou-se que estes ecótipos apresentam uma elevada diversidade genética, uma vez que não foi observada qualquer banda monomórfica. Também mostra estabilidade na sequência genética e não ocorreu qualquer mutação nestas linhas desde a sua origem. Tal pode dever-se à estabilidade do seu genoma a nível molecular durante um longo período de tempo, demonstrando conservação desde a evolução.

4.4.7Análise de cluster baseada em produtos amplificados por MFC2

O dendrograma obtido através da análise de agrupamentos UPGMA mostra que todos os ecótipos *de Ficus palmata* se dividem em dois agrupamentos (Figura 4.30)

MFC2

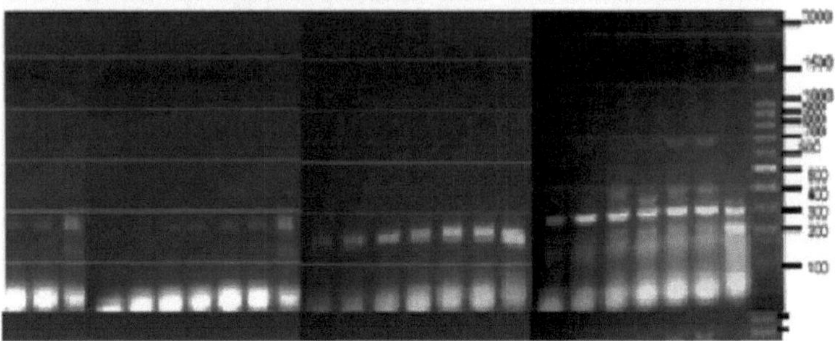

Figura 4.29: Perfil SSR de 25 ecótipos *de Ficus palmata* com o iniciador MFC2

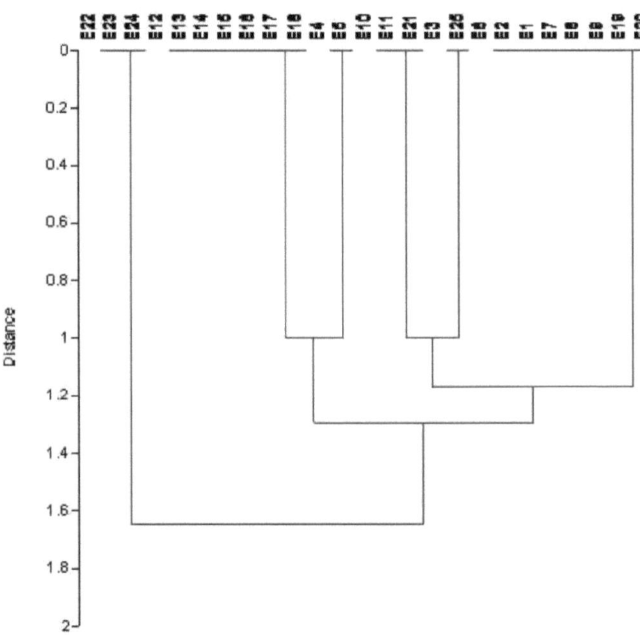

Figura4.30:Dendrograma UPGMA mostrando a relação genética entre diferentes ecótipos *de Ficus palmata* com base no perfil SSR MFC2.

Agregado 1

É constituído por 22 ecotipos. O agrupamento 1 dividiu-se ainda em subagrupamentos a e b. Os subagrupamentos a e b também se dividiram em dois grupos. E3, E25, E21 e E11 pertencem ao mesmo grupo, o que significa que estes ecótipos estão estreitamente relacionados entre si, enquanto E4, E5 e E18 pertencem ao grupo II, mostrando semelhança entre si. E20 é um cluster irmão do grupo 1. Pode analisar-se, com base no MFC2, que os ecótipos do grupo têm uma sequência genómica conservada e que não ocorreu qualquer mutação desde a sua evolução.

Agregado 2

O grupo 2 é constituído apenas por três ecótipos E22, E23 e E24, o que significa que estes ecótipos são semelhantes entre si e foram colocados no grupo 3. E22, E23 e E24 apresentaram uma semelhança de 100% entre si, o que pode sugerir que estes ecótipos têm uma composição genética muito semelhante.

4.4.8 Análise SSR com o iniciador MFC3

Foi gerado um total de 06 bandas utilizando MFC3 em 25 *Ficus palmata*. O tamanho dos fragmentos variava entre 40 e 670 pares de bases (pb) (Figura 4.31). Do total de 06 bandas

02 bandas eram monomórficas e 04 bandas eram polimórficas, mostrando 66% de polimorfismo. Foram observadas 02 bandas monomórficas, o que significa que estes ecótipos têm uma baixa diversidade genética. Foi observado um número mínimo de bandas em E3 e E9. A maior banda de 670 pb foi observada em E21, enquanto a menor banda de 40 pb foi observada em E22 e E23. Pode sugerir-se que a MFC3 apresenta uma baixa diversidade genética em 25 ecótipos de *Ficus palmata* cultivados no Azad *Jammu* e *Caxemira.*

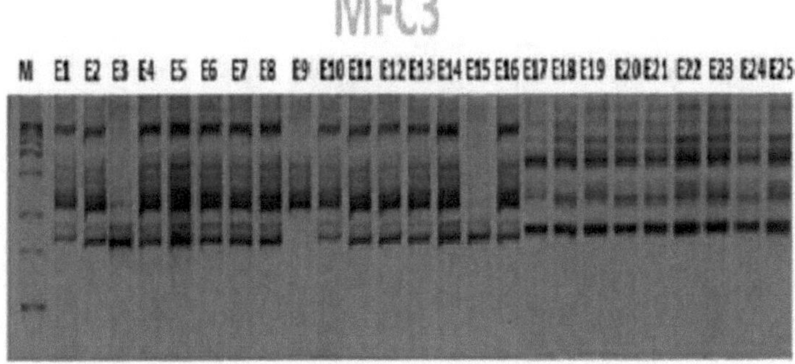

Figura 4.31: Perfil SSR de 25 ecótipos *de Ficus palmata* com o iniciador MFC3

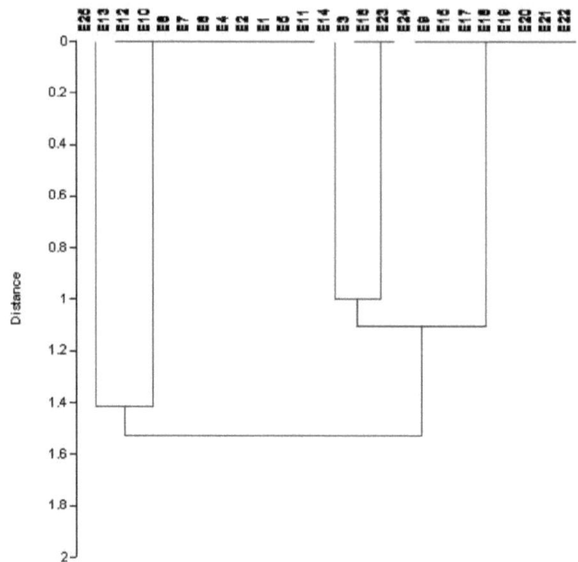

Figura4.32:Dendrograma UPGMA mostrando a relação genética entre diferentes ecótipos *de Ficus palmata* com base no perfil SSR MFC3

4.4.9 Análise de clusters com base nos produtos amplificados por MFC3

A análise de agrupamento dos 25 ecótipos estudados de *Ficus palmata* resultou num dendrograma que consiste em dois agrupamentos, todos apresentando uma elevada semelhança global entre si (Figura 4.32)

Agregado 1

Os agrupamentos 1 são constituídos pelo grupo 1. E14,E3,E18e E23 estão no mesmo grupo, o que significa que apresentam 100 % de semelhanças entre si. O agrupamento 1 é constituído por treze ecotipos, nos quais E8,E15,E17,E18,E19,E20,E21 e E22 formam um agrupamento irmão do grupo 1, apresentando alguma percentagem de semelhança com o grupo 1.

Agregado 2

O grupo 2 é constituído por doze ecótipos de Ficus *palmata*, dos quais E10, E12, E13 e E25 formam o grupo 2. Todos os outros ecótipos também apresentam semelhança com o grupo 2. Os ecótipos dentro do grupo apresentam maior semelhança e baixa diversidade genética, mas os ecótipos fora do grupo apresentam baixa semelhança e alta diversidade genética.

4.4.10 Análise SSR com o iniciador MFC4

O número total de fragmentos amplificados produzidos pelo iniciador MFC4 foi de 05, variando em tamanho de 45 -- 180 pares de bases (pb) (Figura 4.33) em diferentes ecótipos *de Ficus palmata* cultivados no AJK, das 05 bandas, 01 era monomórfica e 03 eram polimórficas, mostrando 60% de polimorfismo, o que significa que estes ecotipos têm

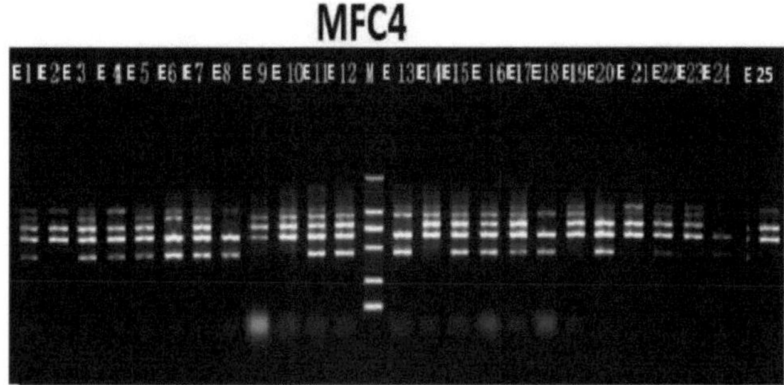

Figura4.33: Perfil SSR de 25 ecótipos *de Ficus palmata* com o iniciador MFC4

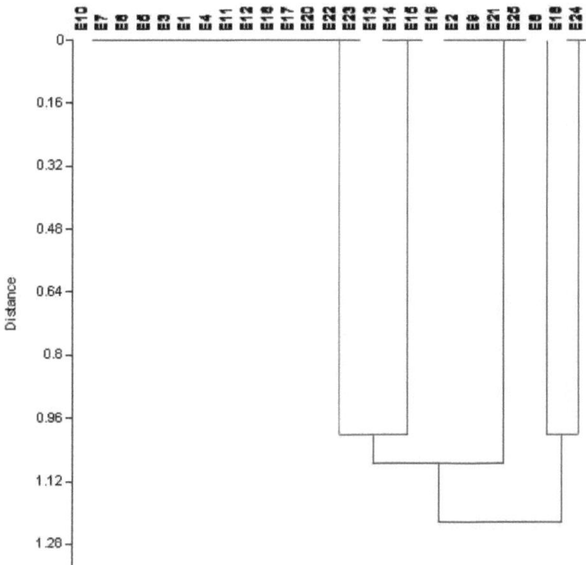

Figura3.34:Dendrograma UPGMA mostrando a relação genética entre diferentes ecótipos *de Ficus palmata* com base no perfil SSR MFC4.

Também mostra que os ecótipos estudados são menos semelhantes no que diz respeito ao seu conteúdo genómico. A banda monomórfica tinha o tamanho de 100 pb. O maior fragmento amplificado foi observado em E9 e um número mínimo de bandas foi observado em E24.

4.4.11 Análise de clusters baseada em produtos amplificados por MFC4

O dendrograma baseado no produto amplificado de 25 ecótipos de *Ficus palmata* pode ser dividido em Cluster 1 e Cluster 2 (Figura 4.34)

Agregado 1

O agrupamento 1 consiste no grupo 1 E24,E18 e E8 estão incluídos no grupo 1, o que significa que estes ecotipos estão estreitamente relacionados entre si e apresentam 100% de semelhança entre si.

Agregado 2

Os grupos 2 são constituídos por vinte e dois ecotipos. E14,E15,E13 e E23 formam um grupo2. E15 e E14 mostraram uma relação próxima entre si. E25,E21,E9 e E2 formam um grupo irmão do grupo 2 e apresentam diversidade genética. Todos os outros ecótipos do grupo 2 mostraram semelhança com E23.

4.4.12 Análise SSR com o iniciador MFC6

O número total de fragmentos amplificados produzidos pelo iniciador MFC6 foi de 06, variando em tamanho de 40-740 pares de bases (pb). Em diferentes ecótipos de *Ficus palmata* cultivados no Azad Jammu e Caxemira (Figura 4.35), das 06 bandas genómicas amplificadas, 01 era monomórfica e 05 bandas eram polimórficas, mostrando 83% de polimorfismo, o que significa que estas

MFC6

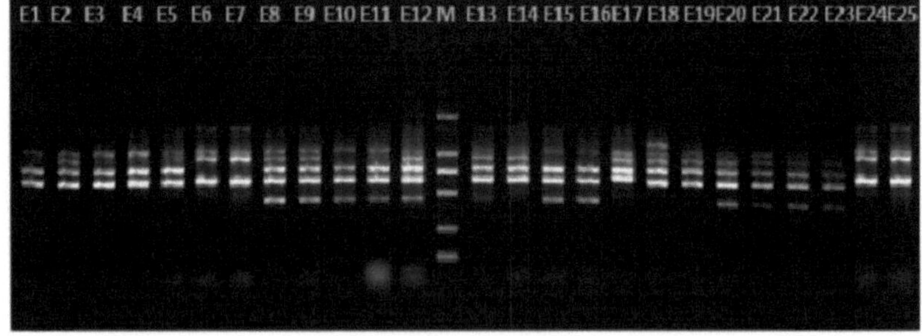

Figura 4.35: Perfil SSR de 25 ecótipos *de Ficus palmata* com o iniciador MFC6

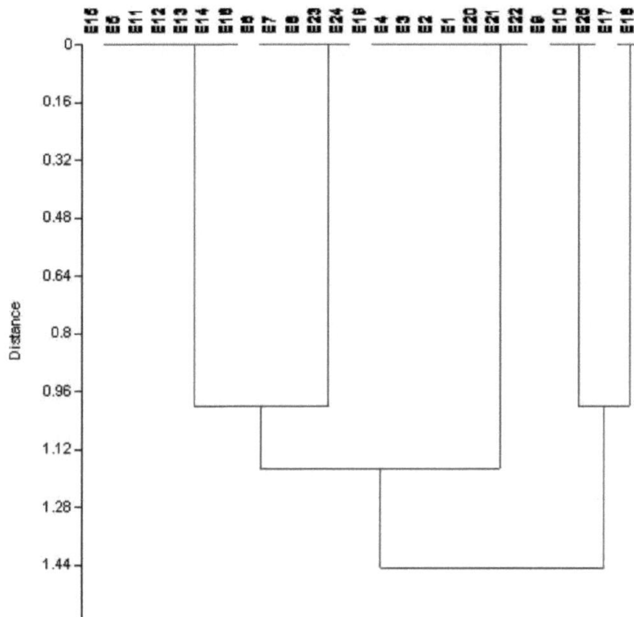

Figura4.36:Dendrograma UPGMA mostrando a relação genética entre diferentes espécies de *Ficus palmata* com base no perfil de SSR MFC6

Os ecótipos têm uma elevada diversidade genética. Também mostra que os ecótipos estudados são menos semelhantes no que diz respeito ao seu conteúdo genómico. A maior banda de tamanho 740 pb foi observada em E11 e o número mínimo de bandas foi observado em E1 e E22

4.4.13Análise de clusters com base em produtos amplificados por MFC6

O dendrograma baseado no produto amplificado de 25 ecótipos de *Ficus palmata* pode ser dividido em Cluster 1 e Cluster 2 (Figura 4.36)

Agregado 1

O grupo 1 é constituído por cinco ecotipos de *Ficus palmata.* E18, E17, E25, E10 e E8 estão incluídos no grupo 1, sendo que E18 e E17 apresentam uma relação estreita entre si e E25 e E10 apresentam uma relação estreita entre si. Todos os ecótipos apresentaram diversidade, partilhando cerca de 100 % de semelhança entre si.

Agregado 2

O grupo2 é constituído por vinte ecótipos: E24, E23, E8, E7, E9, E10, E14, E13, E12, E11, E5 e E15 formam um grupo2. Todos os outros ecótipos, para além dos acima mencionados, formam um grupo irmão com o grupo2, mostrando diversidade genética. Os ecótipos dentro do grupo mostram clareza e semelhança entre si.

4.4.14 Análise SSR de todos os produtos amplificados por 05 primers SSR

Foi produzido um total de 27 bandas, entre as quais 05 eram monomórficas e 20 eram polimórficas, com um polimorfismo de 74% em vinte e cinco ecótipos *de Ficus Palmata* (Tabela 4.6). O tamanho molecular dos fragmentos amplificados variou entre 40 pb (MFC3) e 740 pb (MFC6). O número mínimo de fragmentos de ADN foi de 05, enquanto o máximo foi de

Tabela 4.6: Polimorfismo dos primers SSR - PCR entre 25 ecótipos *de Ficus palmata*

Primer code no.	Sequences	Size range of score able bands (bp)	Total Bands	NO. of monomorphic bands	No.of polymorphic bands	Polymorphism%
MFC1(F) MFC1(R)	ACTAGACTGAAA AAACATTGA TGAGATTGAAAG GAAACGAG	50—500	05	01	04	80 %
MFC2(F) MFC2(R)	GCTTCCGATGCT GCTCTTA TCGGAGACTTTT GTTCAAT	50—480	05	00	04	80%
MFC3(F) MFC3(R)	GATATTTTCATGT TTAGTTTG GAGGATAGACCA ACAACAAC	40—670	06	02	04	66%
MFC4(F) MFC4(R)	CCAAACTTTTAG ATACAACTT TTTCTCAACATAT TAACAGG	45—180	05	01	03	60%
MFC6(F) MFC6(R)	AGGCTACTTCAG TGCTACA GAGAGAGAGAG AGAGACG	40—740	06	01	05	83%
Total			27	05	20	74%

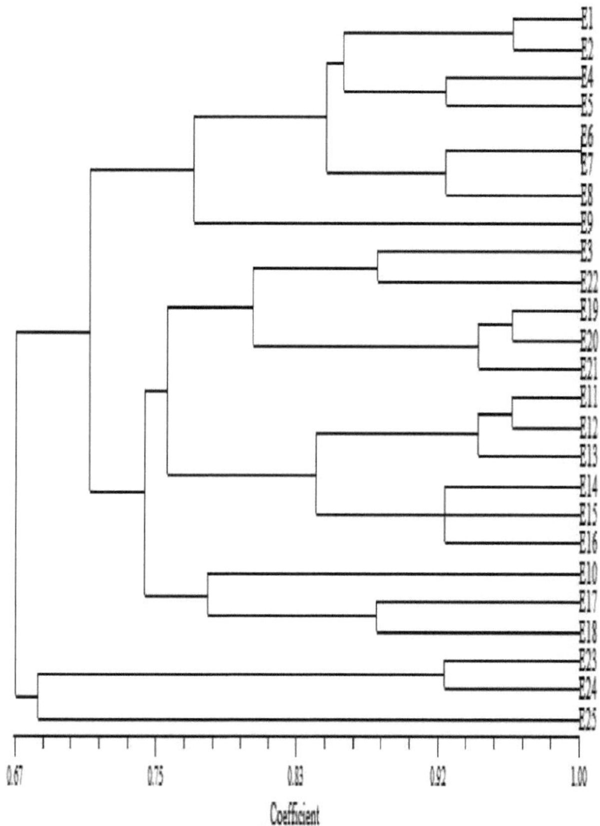

Figura4.37:Dendrograma mostrando a relação genética entre 25 ecótipos *de Ficus palmata* com base em 05 primers SSR

O número de bandas foi de 06. Além disso, entre todos os ecótipos, só se registou 19% de monomorfismo e 74% de polimorfismo, o que significa que estes ecótipos têm um elevado nível de diversidade genética.

4.4.15Análise de agrupamento de todos os fragmentos amplificados produzidos por 05 primers SSR

O dendrograma gerado pelo NTSYS versão 2.1e pode ser dividido em dois clusters: Cluster1 e Cluster 2. Todos os ecótipos estudados de *Ficus palmata* mostraram uma similaridade de 67% (Figura 4.37), o que significa que 33% da diversidade genética foi encontrada usando primers SSR

Agregado1

O agrupamento 1 é constituído por 22 ecotipos, todos eles apresentando uma semelhança genética global de 75%. Está ainda dividido em três subagrupamentos designados por 1a, 1b e 1c.

Subgrupo 1a

Consiste em oito ecótipos designados por E1, E2, E4, E5, E6, E7, E8 e E9. Todos estes ecótipos partilham uma semelhança de 78 % entre si. Os ecotipos E1,E2,E4 e E5 são mais próximos uns dos outros, apresentando uma semelhança de 86 %, pelo que são colocados no grupo1.

Subgrupo 1b

É constituída por onze ecotipos, nomeadamente E3,E22,E19,E20,E21,E11,E12,E13,E14,E15 e E16 apresentam um grau de parentesco global de 75 % entre si. E3,E22,E19,E20 e E21 são mais próximos uns dos outros, apresentando uma semelhança de 78% entre si e são

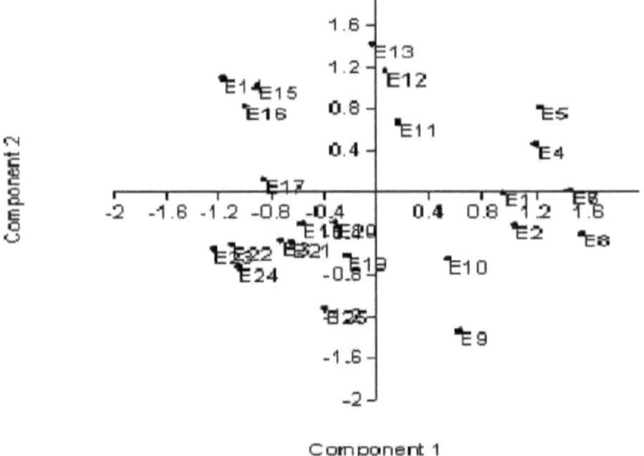

Figura4.38:PCA de SSR para 25 ecótipos *de Ficus palmata*

colocados no grupo2 . E11 a E16 mostram um parentesco próximo entre si e são colocados no grupo 3 e mostram uma semelhança de 83% entre si.

Subgrupo 1c

É constituída por três ecótipos designados por E10, E17 e E18, que apresentam um grau de parentesco global de 73% entre si

Agregado2

Consiste apenas em três ecótipos, nomeadamente E23, E24 e E25, que partilham uma semelhança de 67% entre si. Observou-se que estes ecótipos apresentaram uma maior diversidade entre todos os ecótipos estudados com base na análise SSR

4.4.16Análise de componentes principais dos iniciadores SSR (PCA)

A PCA mostrou que todos os ecótipos *de Ficus palmata* estudados podem ser divididos em quatro grupos (Figura 4.38)

Os ecótipos E4,E5,E11,E12 e E13 foram localizados no primeiro grupo. Enquanto os ecotipos E1,E15,E16 e E17 se encontram no segundo grupo. Do mesmo modo, o terceiro grupo inclui E2,E8,E9,E10 e E6, enquanto o quarto grupo é constituído por E21,E22,E24,E20 e E25. Observou-se que existe uma relação estreita entre os ecótipos do mesmo grupo, enquanto a diversidade genética foi encontrada entre ecótipos de grupos diferentes.

4.5 Análise ISSR utilizando o iniciador UBC807

Foi amplificado um total de 07 bandas em vinte e cinco ecótipos diferentes *de Ficus palmata* (Figura 4.39). Todos os fragmentos variaram em tamanho, de 100 a 450 pares de bases (pb). Do total de 07 bandas, 06 bandas eram polimórficas, mostrando um polimorfismo

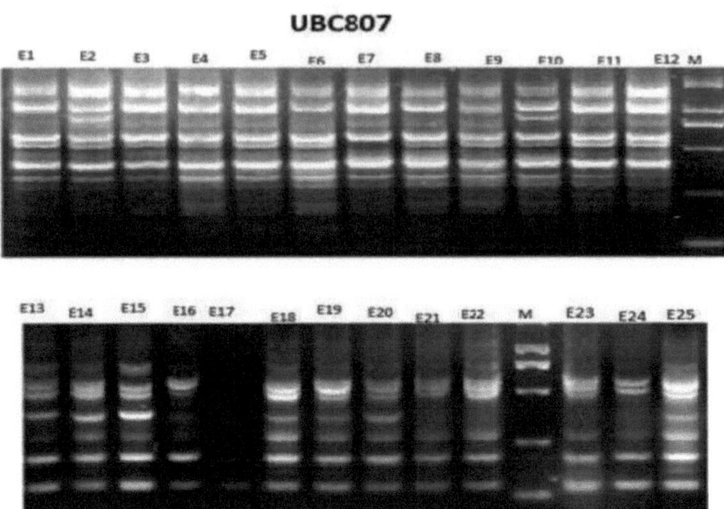

Figura4.39: Perfil ISSR de 25 ecótipos *de Ficus palmata* com o iniciador UBC807

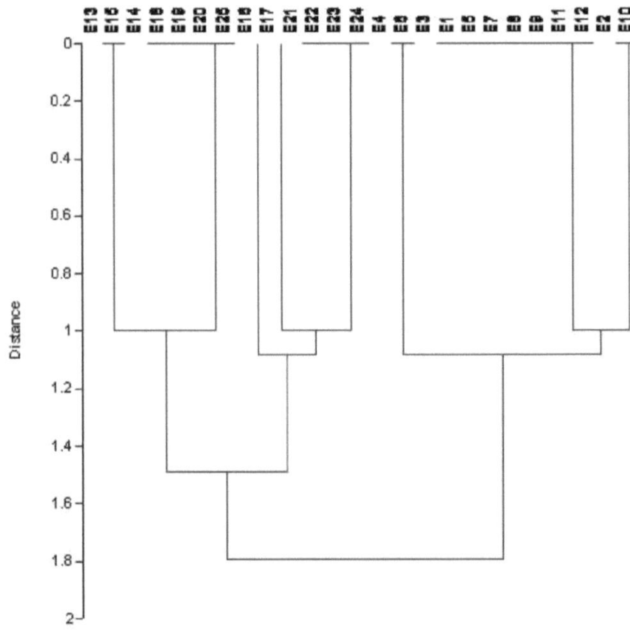

Figura4.40: Dendrograma UPGMA mostrando a relação genética entre diferentes ecótipos *de Ficus palmata* com base no perfil ISSR UBC807.

Além disso, não foi observada nenhuma banda monomórfica entre os ecótipos de Ficus *palmata* com base na amplificação UBC807, o que indica que todos os ecótipos têm um elevado nível de diversidade genética. A maior banda de 450 foi observada em E22 e E6. Não foi observada nenhuma banda em E17, o que significa que E17 não apresenta amplificação pelo iniciador ISSR UBC807.

4.5.1Análise de clusters com base em produtos amplificados por UBC807

O dendrograma baseado no produto amplificado de 25 ecótipos de *Ficus palmata* pode ser dividido em Cluster 1 e Cluster 2 (Figura 4.40)

Agregado 1

O grupo 1 é constituído por 11 ecotipos de *Ficus palmata*. E10, E2 e E12 estão incluídos no grupo 1. E5 forma um grupo irmão com o grupo 1, que mostra diversidade genética. E10 e E2 mostram diversidade genética. E10 e E2 apresentam semelhanças entre si, enquanto E8, E11, E9, E6, E7, E1 e E3 apresentam uma relação estreita com E12.

Agregado 2

O agrupamento 2 dividiu-se em dois grupos: Grupo2 e Grupo3. O Grupo2 é constituído por E4, E22, E23, E21 e E24, sendo que E24, E23 e E22 apresentam 100% de semelhança. E17 forma uma classe irmã com groyp2 e apresenta diversidade genética. O grupo 3 é constituído por E13, E14, E18, E19, E14, E20 e E25, sendo que E25, E20, E19 e E28 apresentam uma semelhança de 100% entre si. E14 e E15 apresentam uma relação estreita entre si. Os ecótipos dos diferentes grupos apresentam uma diversidade genética e os ecótipos do grupo apresentam uma semelhança entre si.

4.5.2 AnáliseISSR utilizando o iniciador UBC810

O número total de fragmentos amplificados produzidos pelo iniciador UBC810 foi de 06, variando em tamanho de 330---600 pares de bases (pb). Em diferentes ecótipos de *Ficus palmata* cultivados em AJK (figura 4.41), das 06 bandas, 01 era monomórfica e 05 eram polimórficas, mostrando 82% de polimorfismo. A maior banda de 600 pb foi observada em E10. Todos os ecótipos de *Ficus palmata* apresentaram um polimorfismo de 82%, o que revela uma elevada diversidade genética entre estes ecótipos.

4.5.3 Análise de clusters baseada em produtos amplificados por UBC810

O dendrograma baseado no produto amplificado por UBC810 de 25 ecótipos de Ficus palmata pode ser dividido em Cluster 1 e Cluster 2 (Figura 4.42)

Agregado 1

O agrupamento 1 dividiu-se ainda em subagrupamento 1a e subagrupamento 1b. O subagrupamento 1a é constituído por catorze ecotipos de *Ficus palmata* cultivados no Azad Jammu e *Caxemira*. El e E23 apresentam uma semelhança de 100% entre si e formam o grupo 1, enquanto E12, E2 e E24 apresentam uma semelhança com o grupo 1 e formam um grupo irmão com o grupo 1. E10, E8, E9 e E25 apresentam uma semelhança de 100% entre si e formam o grupo 2, enquanto E3, E4, E5 e E6 apresentam uma semelhança com o grupo 2 e formam um grupo irmão com o grupo 2.

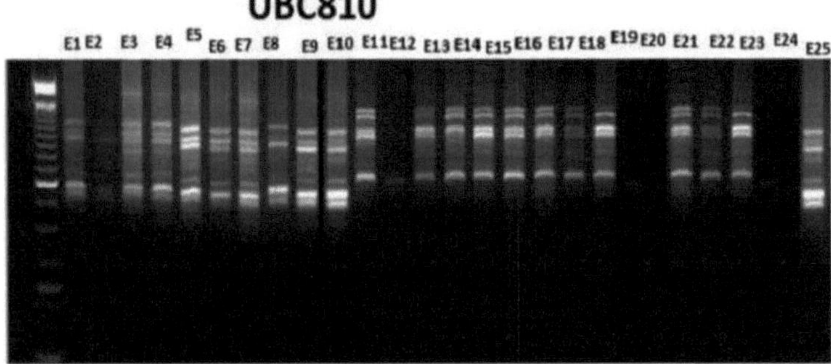

Figura 4.41: Perfil ISSR de 25 ecótipos de Ficus palmata com o iniciador UBC810

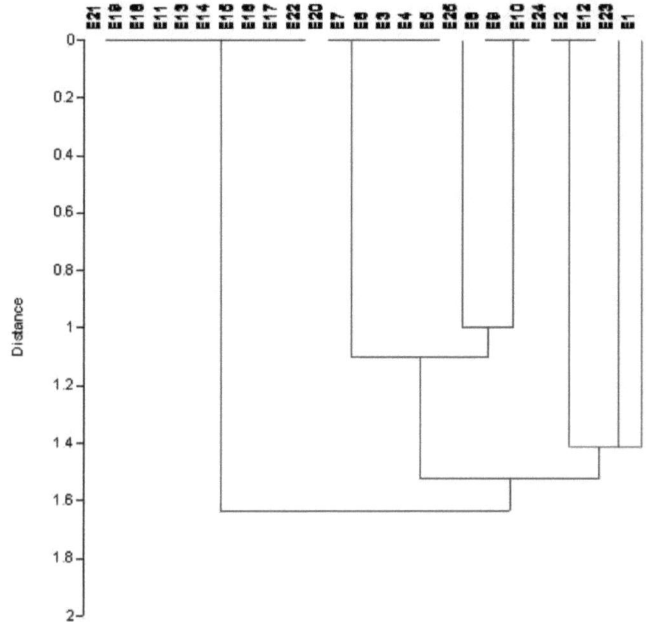

Figura4.42:Dendrograma UPGMA mostrando a relação genética entre diferentes Ecótipos *de Ficuspalmata* com base no perfil ISSR UBC810.

Agregado2

O grupo 2 é constituído por sete ecótipos designados por E21, E19, E18, E11, E13, E14, E15, E16, E17, E2 2 e E20, que apresentam uma maior diversidade entre todos os outros ecótipos acima referidos, tendo-se observado que estes ecótipos apresentam uma maior diversidade genética e sofreram alterações desde a sua evolução. A diversidade genética é vital para a sobrevivência de uma especiaria face a condições ambientais difíceis

4.5.4 **AnáliseISSR utilizando o iniciador UBC812**

O número total de fragmentos amplificados produzidos pelo iniciador UBC812 varia em tamanho de 50-500 pares de bases (pb) em diferentes ecótipos de *Ficus palmata* cultivados em AJK (Figura 4.43). Foi amplificado um total de 06 bandas, das quais 01 era monomórfica e 04 eram polimórficas, revelando 67% de polimorfismo. Além disso, observou-se que estes ecotipos apresentam uma baixa diversidade genética. Também mostra que os ecótipos estudados são mais semelhantes no que diz respeito ao seu conteúdo genómico.

4.5.5Análise de cluster baseada em produtos amplificados por UBC812

O dendrograma baseado no produto amplificado por UBC812 de 25 ecótipos de *Ficus palmata* pode ser dividido em Cluster 1 e Cluster 2 (Figura 4.44)

Agregado 1

O cluster 1 é dividido em dois grupos: o grupo 1 e o grupo 2. E10, E9, E7 e E12 estão incluídos no grupo 1, em que E9 e E10 apresentam uma relação de proximidade de 100% entre si, enquanto E7 e E12 apresentam uma semelhança de 100% entre si.

UBC812

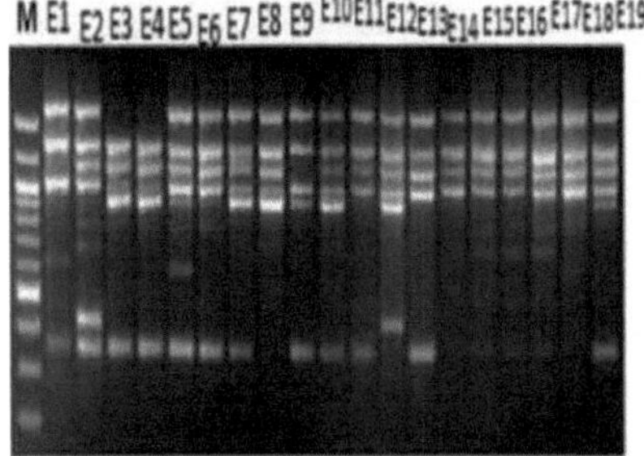

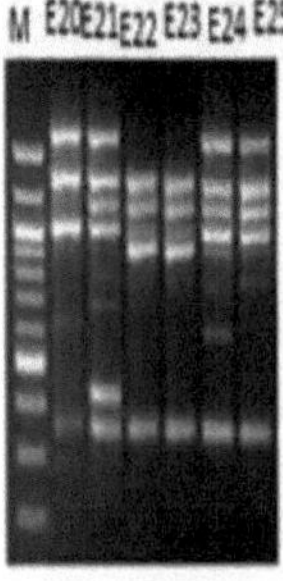

Figura 4.43: Perfil ISSR de 25 ecótipos *de Ficus palmata* com o iniciador UBC812

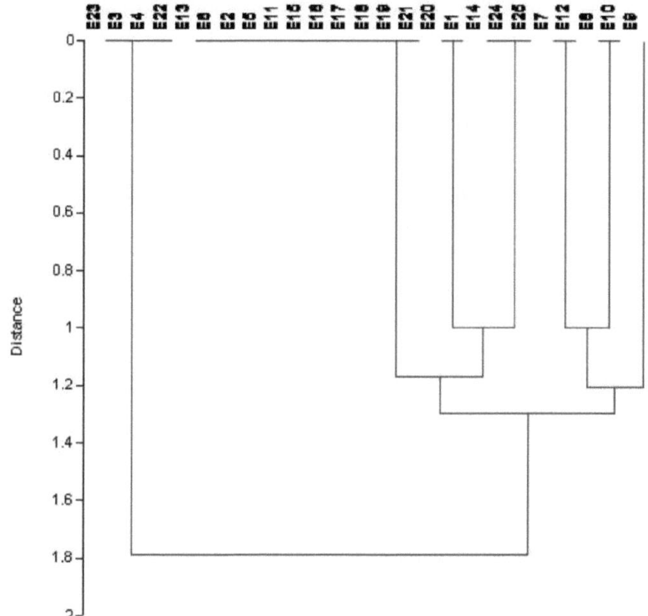

Figura4.44:Dendrograma UPGMA mostrando a relação genética entre diferentes ecótipos *de Ficus palmata* com base no perfil ISSR UBC812.

Com o grupo 1, que apresenta maior diversidade genética do que os ecótipos acima referidos. E25, E24, E14 e El formam o grupo 2 no cluster 1. E21 forma um cluster irmão com o grupo 2. E15, E16, E17, E18, E19, E11, E5, E2 e E6 mostram uma relação próxima com E21.

Agregado 2

Consiste apenas em cinco ecótipos designados por E3,E4,E13,E22 e E23, que mostraram maior diversidade entre todos os outros ecótipos acima referidos.

4.5.6 AnáliseISSR utilizando o iniciador UBC816

O número total de fragmentos amplificados produzidos pelo iniciador UBC816 varia em tamanho de 50-600 pares de bases (pb) em diferentes ecótipos de *Ficus palmata* cultivados em AJK (Figura 4.45). Foi amplificado um total de 05 bandas, revelando 80% de polimorfismo. No entanto, não foi observada nenhuma banda monomórfica utilizando UBC816. O número de fragmentos amplificados em diferentes ecótipos *de*

Ficus palmata foi variável. Isto também mostra que estes ecótipos têm uma diversidade genética elevada devido à ausência de uma banda monomórfica. A maior banda de cerca de 600 pb foi amplificada em E10. O número mínimo de bandas foi observado em E7.

4.5.7Análise de cluster baseada em produtos amplificados por UBC816

O dendrograma obtido com base no produto amplificado por UBC816 de 25 ecótipos de *Ficus palmata* pode ser dividido em Cluster 1 e Cluster 2 (Figura 4.46)

Agregado 1

O grupo 1 é constituído por três ecótipos designados por E8, E24 e E17. Estes ecótipos apresentam uma semelhança de 100% entre si, mas apresentam a maior diversidade

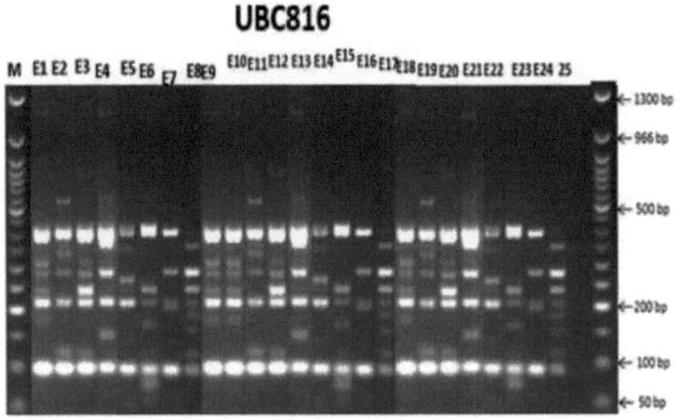

Figura 5.45: Perfil ISSR de 25 ecótipos *de Ficus palmata* com o iniciador UBC816

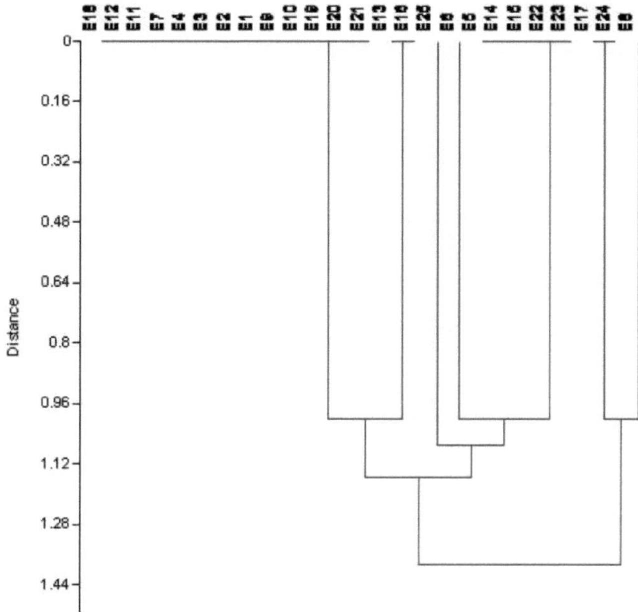

Figura4.46:Dendrograma UPGMA mostrando a relação genética entre diferentes ecótipos *de Ficus palmata* com base no perfil ISSR UBC816.

com outros ecótipos. Observou-se que estes ecótipos têm maior diversidade genética e sofreram alterações desde a sua evolução.

Agregado 2

O cluster 2 é ainda dividido em dois grupos. Grupo2 e Grupo3. E23 e E5 estão incluídos no grupo2. E6 forma um cluster irmão com o grupo 2. E22, E15 e E14 mostram uma relação próxima com E23 e estão no grupo2. O grupo 3 é constituído por E25, E16, E13 e E20. E18,E8,E1,E2,E3,E4,E7,E12,E11 e E19 apresentam uma relação estreita com E20. E25 e E16 apresentam 100% de semelhança entre si. Os ecótipos de um grupo apresentam uma relação estreita entre si, enquanto os ecótipos de grupos diferentes ou de clusters diferentes apresentam uma maior diversidade genética.

4.5.8 Análise ISSR utilizando o iniciador UBC817

O número total de fragmentos amplificados produzidos pelo iniciador UBC817 foi de 05, variando em tamanho de 100-400 pares de bases (pb). Em diferentes ecótipos de *Ficus palmata* cultivados em AJK (figura

4.47), das 05 bandas 01 banda era monomórfica e 03 bandas eram polimórficas, mostrando 60% de polimorfismo. E24, E25, E4 e E5 não mostram qualquer banda, o que significa que estes ecótipos não têm qualquer relação genética com qualquer outro ecótipo e têm uma sequência genómica conservada com base na análise UBC817.

4.5.9Análise de cluster baseada em produtos amplificados por UBC817

O dendrograma baseado no produto amplificado por UBC817 de 25 ecótipos de *Ficus palmata* pode ser dividido em Cluster 1 e Cluster 2 (Figura 4.48)

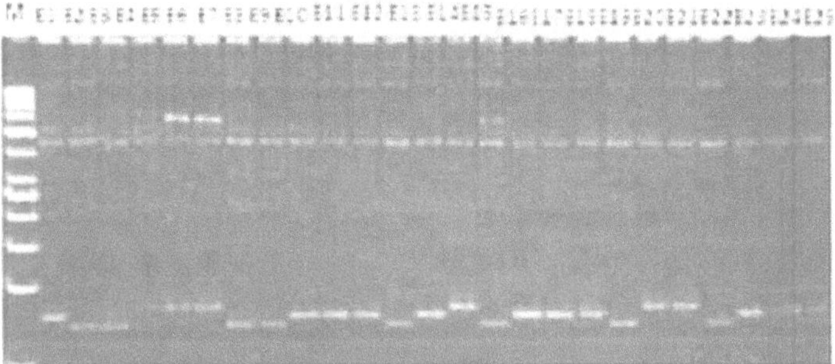

Figura 4.47: Perfil ISSR de 25 ecótipos *de Ficus palmata* com o iniciador UBC817

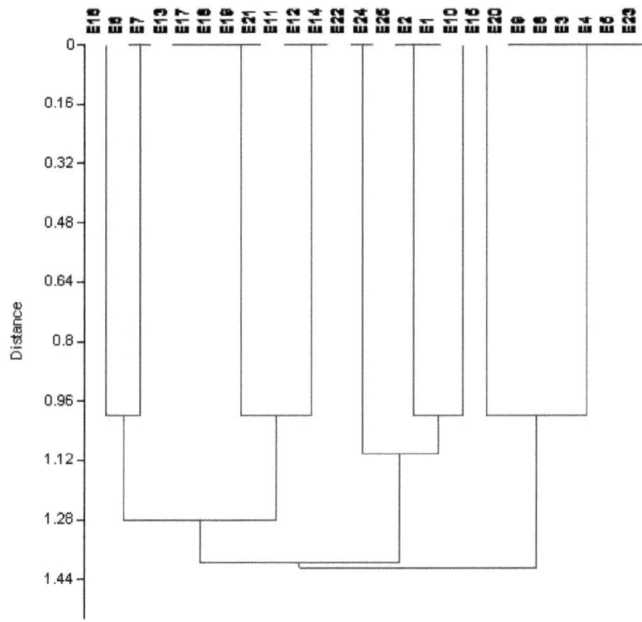

Figura4.48:Dendrograma UPGMA mostrando a relação genética entre diferentes ecótipos *de Ficus palmata* com base no perfil ISSR UBC817.

Agregado 1

O grupo 1 divide-se ainda em dois grupos: grupo 1 e grupo 2. Os ecotipos E23, E5,E4,E3,E8,E9 e E20 partilham 100% de semelhança entre si, formando o grupo 1. Esta semelhança mostra que têm uma sequência mais conservada e que não existe diversidade genética entre estes ecótipos com base na Ubc817. O grupo 2 é constituído por cinco ecótipos. O E24 forma um grupo irmão com o grupo 2 e partilha uma baixa semelhança com os membros do subgrupo.

Agregado 2

O grupo 2 pode ainda ser dividido em dois grupos: grupo 3 e grupo 4. Os ecotipos E14,E11,E4,E12 e E21 formam o grupo 3 e apresentam 100% de semelhança entre si. Os ecotipos E17,E18,E19 e E13 também apresentam semelhanças com o grupo 3. O grupo 4 é constituído por três ecotipos E7,E8 e E16, todos eles apresentando uma semelhança global entre si.

4.5.10 Análise ISSR de todos os produtos amplificados por 05 iniciadores ISSR

Foi produzido um total de 29 bandas entre os ecótipos de *Ficus palmata* cultivados no AJK. Um total de 29 bandas03 eram monomórficas e 22 eram polimórficas, com um polimorfismo de 76% (quadro 4.7). O tamanho molecular dos fragmentos amplificados variou entre 50 pb (UBC812) e 600 pb (UBC810). O número mínimo de fragmentos de ADN foi de 05, enquanto o número máximo foi de 07 bandas. Além disso, entre todos os ecótipos, só foi encontrado 10% de monomorfismo.

Quadro 4.7: Caraterísticas dos perfis de bandas ISSR em 25 ecótipos *de Ficus palmata*

Primer code no.	Sequences	Size range of score able bands (bp)	Total Bands	NO. of monomorphic bands	No.of polymorphic bands	Polymorphism %
UBC807	AGAGAGAGAGAGAGAGT	100--450	07	00	06	85%
UBC810	GAGAGAGAGAGAGAGAT	300—600	06	01	05	82%
UBC812	GAGAGAGAGAGAGAGAA	50—500	06	01	04	67%
UBC816	CACACACACACACACAT	50—600	05	00	04	80%
UBC817	CACACACACACACACAA	100--400	05	01	03	60%
Total			29	03	22	76 %

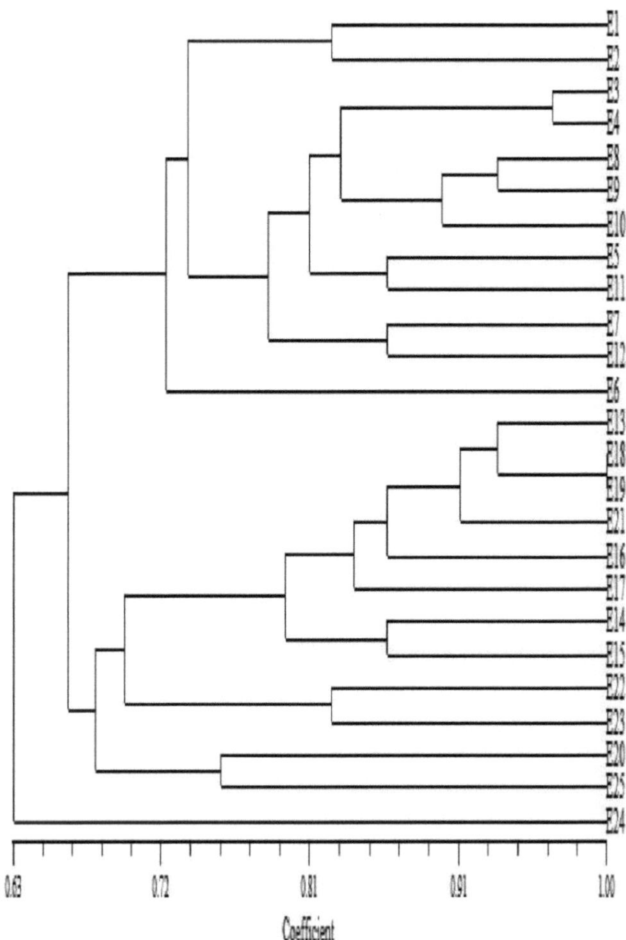

Figura 4.49: Dendrograma que mostra a relação genética entre 25 ecótipos *de Ficus palmata* com base em 05 iniciadores ISSR

4.5.11 Análise de agrupamento de todos os fragmentos amplificados produzidos por 05 primers ISSR

O dendrograma gerado pelo NTSYS versão 2.1e pode ser dividido em dois subgrupos, ou seja, subgrupo 1a e subgrupo 1b. Todos os ecótipos estudados de *Ficus palmata* mostraram uma semelhança de 63% (Figura 4.49). Isto significa que foi encontrada uma diversidade genética de 37% utilizando primers ISSR

Subgrupo 1a

Consiste em doze ecotipos designados por E1, E2, E3, E4, E5, E8, E9, E10, E11, E7, E6 e E12. Todos estes ecótipos partilham uma semelhança de 72% entre si. Nenhum ecótipo apresenta uma semelhança de 100% entre si, o que significa que a diversidade genética está presente e que estes ecótipos apresentam uma certa diversidade genética entre si

Subgrupo 1b

É constituído por treze ecotipos, nomeadamente E13, E18, E19, E21, E16, E17, E14, E15, E22, E23, E20, E25 e E24, que apresentam uma relação global de 69 % entre si. Os ecótipos de um grupo apresentam uma relação estreita entre si, enquanto os ecótipos de grupos diferentes ou de clusters diferentes apresentam uma maior diversidade genética entre si.

4.5.12 Análise de componentes principais dos iniciadores ISSR (PCA)

A PCA mostrou que todos os ecótipos *de Ficus palmata* estudados podem ser divididos em quatro grupos (Figura 4.50). Os ecótipos E11,E23,E22,E15 e E14 estavam localizados no primeiro grupo. Enquanto que os ecótipos E4,E3,E8,E9 e E5 foram reunidos no segundo grupo. Da mesma forma

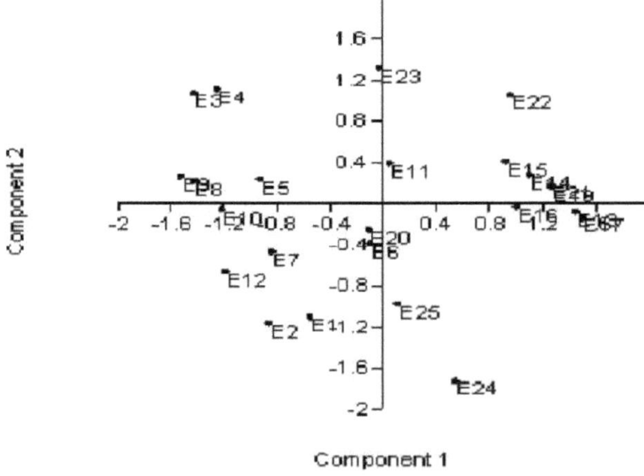

Figura 4.50: PCA de ISSR para 25 ecótipos *de Ficus palmata*

o terceiro grupo é constituído por E24, E25,E20, E16 e E10, enquanto o quarto grupo é constituído por E2, E12, E7 e E6. Observou-se que existe uma relação estreita entre os ecótipos do mesmo grupo, enquanto a diversidade genética foi encontrada entre ecótipos de grupos diferentes.

Hidetoshi *et al.* (2009) trabalharam na análise da diversidade genética entre variedades europeias e asiáticas de figo utilizando marcadores ISSR, RAPD e SSR e concluíram que cada método é útil e informativo para avaliar a diversidade genética. O nosso resultado também está de acordo com Hidetoshi porque todos os primers SSR e ISSR são fiáveis e complementares para a caraterização de *Ficus palmata.*

Khadari *et al.*(2003) também provaram a eficiência destes primers para a caraterização de *Ficus*. Estes resultados sugerem que os modos de polimorfismo diferem devido à especificidade dos marcadores. A pouca correlação entre os sistemas de marcadores também foi relatada no trigo (Bohn *et al.*1999), na soja (Pewl *et al.*1996) e no milho (Pefic *et al* 1998). Além disso, supõe-se que a relação depende da cobertura do genoma e dos tipos de sequência reconhecidos por cada sistema de marcadores e também se explica pelo facto de cada marcador representar apenas uma parte do genoma na incongruência do dendrograma.

Os resultados também indicaram que os marcadores ISSR foram utilizados com êxito para avaliar a diversidade genética e revelaram uma notável discriminação molecular entre os ecótipos *de Ficuspalmata* em estudo. Além disso, (Galvan *et al.*, 2003) concluíram que o ISSR seria um instrumento melhor do que o RAPD para estudos filogenéticos. Nagaoka e Ogihara (1977) referiram também que os iniciadores ISSR produziam várias vezes mais informações do que os marcadores RAPD no trigo. O número de potenciais marcadores ISSR depende da frequência dos microssatélites, que varia consoante a espécie (Depeiger *et al.,* 1995), pelo que o potencial de integração do ISSR-PCR no programa de melhoramento das plantas é enorme e as suas aplicações em diferentes espécies de culturas são suficientemente analisadas (Reddy et *al.* 2002).

RESUMO

A diversidade morfológica demonstrada por diferentes ecótipos recolhidos em diversas zonas de Azad Jammu e Caxemira fornece uma imagem encorajadora da variação genética entre eles, que deve ser estudada mais aprofundadamente a fim de utilizar o seu potencial para a evolução de novas cultivares *de Ficus palmata* para o Azad Jammu e Caxemira. A análise dos componentes principais, juntamente com a agregação dos ecótipos *de Ficus palmata* em diferentes grupos, indica claramente que o germoplasma expressou uma variação significativa no que respeita aos caracteres morfológicos. Embora os traços morfológicos das plantas sejam grandemente influenciados por factores genéticos e a estrutura genotípica desempenhe um papel significativo na determinação do desempenho fenotípico e morfológico das plantas, não se pode excluir a influência de outros factores para além da composição genética. Como muitos cientistas de plantas em diferentes experiências relataram que os factores ambientais desempenham um papel significativo no desenvolvimento e desempenho dos atributos morfológicos. Com base na expressão morfológica das plantas, as suas variações genéticas não podem ser autenticamente declaradas como germoplasma diverso até e a menos que não sejam utilizados outros marcadores para além da morfologia (marcadores bioquímicos e moleculares). Mesmo os agrónomos de uma parcela de terreno conduzem os ensaios varietais em réplicas para minimizar o impacto de possíveis erros. Nos presentes estudos, os ecotipos foram colhidos em diversas áreas com diferentes altitudes, teor de humidade flutuante, condições ambientais inconsistentes e localidades geo-demográficas variáveis. Todos estes factores têm um forte impacto no fenótipo dos ecótipos. Além disso, uma vez que estes ecótipos representam populações selvagens de *Ficus palmata* e que a idade das plantas selecionadas não era conhecida com exatidão e a seleção foi feita apenas por inspeção visual, a sua expressão diversa com base em aspectos morfológicos não pode ser declarada como uma confirmação da diversidade genética. A idade das plantas, juntamente com diversas condições ambientais, como o teor de humidade, as altitudes, a direção do vento para uma polinização e frutificação bem sucedidas, a espessura da população e a direção do sol, etc., têm um impacto definitivo no fenótipo destes ecótipos. As variações morfológicas e as correlações destes factores forneceram-nos resultados preliminares sobre a diversidade genética que, por sua vez, pode ser utilizada como material de reprodução para o melhoramento *de Ficuspalmata* em Azad Jammu e Caxemira.

Os constituintes bioquímicos são os factores mais importantes que foram focados no presente trabalho de investigação. *A Ficus palmata* é rica em diferentes vitaminas, teor de óleo na semente e no mesocarpo e minerais na polpa. A planta ganhou popularidade a nível mundial devido a estes constituintes bioquímicos. Para a estimativa destes importantes constituintes bioquímicos e para descobrir a diversidade entre os ecótipos de *Ficus palmata*, foi efectuado um estudo exaustivo.

A análise bioquímica de 25 ecótipos *de Ficus palmata* forneceu alguns pormenores sobre a diversidade entre eles. Alguns ecótipos apresentaram variações nos constituintes bioquímicos. No entanto, o estudo foi bastante interessante, uma vez que os ecótipos mostraram divergências em relação ao seu desempenho morfológico quando submetidos a análises bioquímicas para vitaminas e minerais, que são o fator mais importante na exploração de *Ficus palmata* na indústria alimentar e na medicina. Como era evidente, o aspeto e os parâmetros morfológicos forneceram uma imagem confusa para a estimativa da diversidade genética, embora os parâmetros morfológicos tenham fornecido uma informação preliminar que actua como base para estudos futuros, como a estimativa da diversidade bioquímica e a caraterização genética. Os constituintes bioquímicos são os metabolitos das plantas que são o produto de aspectos genéticos, ambientais e fisiológicos (Yaoet *al.*,1992; Kalio *et al.*, 2002). Embora o germoplasma geneticamente diverso de *Ficus palmata* deva produzir metabolitos variáveis de genótipo para genótipo. Nos nossos estudos, os constituintes bioquímicos também apresentaram diversidade e semelhança. Contudo, as vitaminas e os minerais encontram-se numa gama com variações mais estreitas, pelo que o dendrograma baseado apenas na análise bioquímica não nos pode fornecer uma imagem verdadeira da diversidade ou variação genética entre as populações selvagens de *Ficus palmata.* Além disso, os efeitos ambientais na síntese de metabolitos em populações de plantas que ocorrem naturalmente nunca podem ser excluídos, especialmente nas áreas do Azad Jammu e Caxemira que se situam a diferentes altitudes, recebendo humidade variável sob a forma de chuvas, intensidade da luz, direção da população de plantas em relação ao sol e fluxo de vento em certas partes do ano nas áreas específicas.

No entanto, a diversidade bioquímica nas populações de *Ficus palmata* é também desencadeada pelo aspeto genético, que é a parte mais importante desta investigação. Antes de iniciar qualquer programa de melhoramento, o obtentor de plantas deve conhecer os conhecimentos genéticos sobre o património genético que está a ser explorado para a evolução da variedade de planta/cultura. Se a diversidade genética entre os membros do património genético não for devidamente avaliada antes do lançamento de um programa de melhoramento, os esforços do melhorador de plantas para os cruzar e obter resultados desejáveis podem tornar-se uma seta quebrada com todo o trabalho árduo e consumo de tempo. Devido ao advento de marcadores moleculares modernos, a tarefa de um melhorador de plantas tornou-se agora mais fácil e mais eficaz com o conhecimento autêntico de genótipos no património genético. Na presente investigação, o estudo morfológico e bioquímico da diversidade genética foi fornecido com uma almofada para a caraterização molecular do germoplasma. Atualmente, as técnicas moleculares estão a ser utilizadas de forma rotineira para estudar a diversidade genética como um instrumento para a criação e o melhoramento de materiais vegetais. (Moller e Spoor, 1993; Ashour *et al.*, 1995; Waines e Payne, 1987).

A diversidade e a semelhança genéticas entre os ecótipos no âmbito desta investigação confirmam ainda que as distâncias geográficas e as diversas condições climáticas, juntamente com as diferentes altitudes, não tiveram um efeito significativo na relação filogenética das populações de plantas. Tian *et al.*, (2004) também referiram que as distâncias geográficas não tinham um efeito visível na diferenciação genética. Noutros estudos sobre populações de oliveiras de outono, Ahmed *et al.*, (2008) verificaram que os povoamentos naturais de oliveiras de outono se comportavam de forma bastante diferente quando comparados em termos de relação filogenética, independentemente da sua distância geográfica.

A herança comum das populações de *Ficus palmata* colhidas em diversos locais de Azad Jammu e Caxemira pode dever-se ao facto de as aves consumirem frutos *de Ficus palmata*, desempenhando assim um papel importante na dispersão de sementes em altitudes variáveis e áreas distantes. O estudo fornece provas de que as distâncias geográficas e as localizações têm um efeito mínimo no comportamento genético das populações de plantas. A diversidade nos ecótipos *de Ficus palmata* com base em constituintes bioquímicos tem de estar ligada à diversidade genética.

Ficus palmata tem um enorme potencial para cumprir os objectivos de importância nutricional, económica e ambiental. Está repleta de constituintes nutricionais e bioquímicos e está a tornar-se muito popular em todo o mundo devido à sua utilidade polivalente. As populações de *Ficus palmata* que ocorrem naturalmente no Azad Jammu e Caxemira necessitam de ser melhoradas através do desenvolvimento de novas variedades polivalentes. O conhecimento da distribuição da diversidade genética fornece um guia para a gestão sensata dos recursos genéticos. Este estudo forneceu a base para o lançamento de um programa de melhoramento *de Ficus palmata*, a fim de explorar o potencial desta árvore mágica para o desenvolvimento económico sustentável em ambientes de montanha do país em particular e do mundo em geral.

LITERATURA CITADA

Abbasi, A.M., M.A. Khan, M. Ahmad e M. Zafar. 2012. Medicinal Plant Biodiversity of Lesser Himalayas-Pakistan.Springer, Nova Iorque.

Abbasi, A.M., M.A. Khan, M. Ahmad, M. Zafar, H. Khan, N.Muhammad e S. Sultana. 2009. Plantas medicinais utilizadas para o tratamento da iterícia e da hepatite com base em documentação socioeconómica. Afric. J. Biotech, 8(8):1643-1650.

Abbasi, A. M., M. A. Khan, M. Ahmad, M. Zafar, S. Jahan e S. Sultana. 2010. Aplicação etnofarmacológica de plantas medicinais para curar doenças de pele e em cosméticos populares entre as comunidades tribais da Província da Fronteira Noroeste, Paquistão. *J. Ethnopharmacol*, 128(2): 322-335.

Abdel-Hameed, E. S. 2009. Conteúdo fenólico total e atividade de eliminação de radicais livres de certas amostras de folhas de espécies de *Ficus* egípcias. Food Chem, 114:1271-1277.

Achtak, H., M. Ater, A. Oukabli e S. Santoni. 2010. Agro-ecossistemas tradicionais como conservatórios e incubadoras de diversidade varietal de plantas cultivadas: o caso da figueira (*FicuscaricaL.*) em Marrocos. BMC Plant Biol.,10: 28-35.

Agarwal, M., N. Shrivastavaand,H. Padh.2008. Advances in molecular marker techniques and their applications in plant sciences.PlantCellRep.,27: 617-631.

Agostini, G., S. Echeverrigaray e T. T. Souza-Chies. 2008. Relações genéticas entre espécies sul-americanas de *Cunila* D. Royen ex L. com base em ISSR. Plant Syst.Evol., 274:135-141.

Ahmad, S.D. e A.H. Shah. 1999. Avaliação da diversidade biológica em Mentha e Rumex spp. de Azad Jammu e Caxemira. Relatório NARC.

Ahmad, S.D., S. M. Sabir, H. M. Saud e S. Yousaf. 2008. Relação evolutiva e divergência com base em SDS-PAGE de populações de *Eleagnus umbellata* (Thunb.): uma planta polivalente das Hamalayas. Turk. J. Bio., 32:31-35.

Ajaib, M., Z.D. Khan e N. Khan. 2010. Estudos etnobotânicos sobre arbustos úteis do distrito de Kotli, Azad Jammu e Caxemira, Paquistão. Pak. J. Bot., 42(3): 14071415.

Akbulut,M., S. Ercisli e H. Karlidag.2009. Estudo baseado em RAPD da variação genética e das relações entre genótipos de figos silvestres na Turquia.Genet. Mol. Res.,8: 1109-1115.

Alba, V., C. Montemurro, W. Sabetta e A. Pasqualone. 2009. Chave de identificação baseada em SSR de cultivares de *OleaeuropaeaL*. difundidas no sul da Itália. Sci. Hort.123: 1116.

Al-Musayeib N.M., R. A. Mothana, A. Matheeussen, P. Cos e L. Maes. 2012. Actividades antiplasmodiais, antileishmaniais e antitripanossómicas in vitro de plantas medicinais selecionadas utilizadas na região tradicional da Península Arábica. BMC Complementary and Alternative Medicine, 24: 12- 49.

Anónimo, 1998. Relatórios do recenseamento distrital do Azad Jammu e Caxemira.

Anónimo.2004. Organização das Nações Unidas para a Alimentação e a Agricultura (FAO). Relatório anual: O estado da insegurança alimentar no mundo. Acompanhamento dos progressos para a cimeira mundial da alimentação e os objectivos de desenvolvimento do milénio.

Anónimo.2007. AJK at Glance, Departamento de P e D. Governo de AJK.

Anónimo. 2011. Flora do Paquistão. www.eFloras. Org.

Ansari, N.M., L. Houlihan, B. Hussain e A. Pieroni. 2005.Antioxidant activity of five vegetables traditionallyconsumed by South-Asian migrants in Bradford, Yorkshire,UK. Phytotherapy Res., 19: 907-911.

Aradhya, M. K., E. Stover, D. Velasco e A. Koehmstedt2010.Genetic structure and differentiation in cultivated fig (*Ficus carica* L.).Genetica, 138: 681-694.

Arshad, J., A. Shoaib, U. Bashir e R. Akhtar.2014.Triagem de várias espécies de Aspergillus para atividade herbicida contra a erva daninha Parthenium. Pak J. Weed Sci. Res., 20(2): 137-144.

Ashour, M Prevalence of ectopic thymic tissue in myasthenia gravis and its clinical significance. 1995. J.

Thorac.Cardiovasc. Surg., 109(4):632-5.

Awasthi, A.K., G. M. Nagaraja, J. V. Naik, S. Kanginakudru, K. Thangavelu e J. Nagharaju. 2004. Genetic diversity and relationships in mulberry (genus *Morus*) as revealed by RAPD and ISSR marker assays. BMC Geneti., 25: 5:1.

Balemie, K. e F. Kebebew. 2006. Estudo etnobotânico de plantas comestíveis silvestres em Derashe e Kucha, no Sul da Etiópia. J. Ethnobio. Ethnomed., 2: 53-55.

Baltrusaityte, V.,P.R. Venskutonis e V.Ceksteryte. 2007. Atividade de eliminação de radicais de diferentes extractos fenólicos de mel e pão de abelha de origem floral. Food Chem, 101: 502-514.

Barthelemy, D., C. Edelin e F. Halle.1991. Canopy architecture,!!!: Raghavendra A.S. (Ed.) Physiology of Trees, JohnWiley and Sons Inc., pp. 1-20.

Basudan, O.A., M. Ilyas, M. Parveen, H. M. H. Muhisen e R. Kumar. 2005. Uma nova cromona de *Ficus lyrata*. J. Asian Nat. Prod. Res.7: 81-85.

Berg, C. C. 1989. Classificação e distribuição de *Ficus*. Experientia, 45: 605-611.

Berg, C. C. 1990. Classificação e distribuição de *Ficus*.Experientia, 45: 605-611.

Berg, C.C. 2003.Flora Malesiana precursora para o tratamento de Moraceae 1: A subdivisão principal de *Ficus*: Os subgéneros. Blumea48:167-178.

Berg, C. C. e E. J. H. Corner. 2005. *Moraceae-Ficus*. pp.1-730. In: Nooteboom, H. P. (ed.), *Flora Malesiana*, Série I (Plantas de Semente), 17 (2): Herbário Nacional da Holanda, Universidade de Leiden, Países Baixos, 730pp.

Betti, J.L., 2004. Um estudo etnobotânico de plantas medicinais na reserva da biosfera DJA, Camarões. African Study Monogr., 25:1-27.

Bielawski, J. P., K. Noack, D.E. Pumo. 1996. Amplificação reprodutível de marcadores RAPD a partir de ADN de vertebrados. Biotechniques, 18: 856-860.

Bohn, M., H. F. Utz e A.E Melchinger, 1999. Semelhanças genéticas entre cultivares de trigo de inverno determinadas com base em RFLPs e SSRs e sua utilização para prever a variância da descendência. Crop Sci., 39:228-237.

Bornet, B., F. Goraguerand, G. Joly, 2002. Diversidade genética em batatas cultivadas na Europa e na Argentina (*Solanumtuberosumsubsp.Tuberosum*) detectada por repetições de sequências simples (ISSRs). Genoma, 45: 481-484.

Boyer, R.F. 1993.Modern Experimental Biochemistry.2ndªed.The Benjamin/Cumming Pub.Co. Inc. Califórnia. EUA.

Bradford, M.M. 1976. Método rápido e sensível para a quantificação de quantidades de microgramas de proteínas utilizando o princípio da ligação proteína-corante.Anal.Biochem., **72**: 248-254.

Carrasco, B., P. Avila,J. Perez-Diaz, P. Munoz, R. Garcia, B. Lavandro,A. Zurita-Silva, J. B. Retamales, e P.D.S Caligar, 2008. Estrutura genética de papaias das terras altas (*Vasconcellapubscens*(LenneetC.Koch) Badillo cultivadas ao longo de um gradiente geográfico no Chile, revelada por repetições de sequências inter-simples (ISSR).Genet. Resour.Crop.Evol., 56:331-337.

Chandra, S. e S. Saklani. 2011. Avaliação do perfil nutricional, valor medicinal e

estimativa quantitativa em diferentes partes de *Pyrus pashia, Ficus palmata* e *Pyracantha crenulata,* JGTPS, Vol.2, PP -350-354.

Chang, M. S., Y. C. Yang, Y. C. Kuo, Y. H. Kuo, C. Chang, C. M. Chen e T. H. Lee. 2005. Furocumarin glycosides from the leavesof *FicusruficaulisMerr*. var. antaoensis. J. Nat. Prod., 68: 11-13.

Changwei, A. o., A. Abdelnaser, T. Elozaawely, D. Xuan, S. Tawata. 2008. Avaliação das actividades antioxidante e antibacteriana do extrato de *Ficus microcarpa* L. Controlo Alimentar, 19(10): 940-948.

Chatti, K., G. Baraket, A. A. Ben e O. Saddoud (2010). Desenvolvimento de ferramentas moleculares para a caraterização e análise da diversidade genética em cultivares de figo da Tunísia (*Ficuscarica*).Biochem. Genet.,48: 789-806.

Chopra, R. N., S. L. Nayar e C.I. Chopra. 1986. Glossário de Plantas Medicinais Indianas (Incluindo o Suplemento). Conselho de Investigação Científica e Industrial, Nova Deli.

Chunyan, C., C. B. O. S. Chunyan, L. Ping, L. Jingmei e Ito. 2009. Isolamento e purificação de psoraleno e bergapten de folhas de *Ficus carica* L. por cromatografia contracorrente de alta velocidade. J.Liq. Chromatogr. Relat. Technol., 32: 136-143.

Dalkiliç,Z., H. O. Mestav, G. Gunver-Dalkiliç e H. Kocatas. 2011. Genetic diversity of

genótipos de figo macho (*Ficus carica* L.) com marcadores de ADN polimórfico amplificado ao acaso (RAPD). Afr. J. Biotechnol, 10: 519-526.

Davis, J., W. A. Berzonsky e G. D. Leach. 2006. Uma comparação entre marcadores assistidos e

Seleção fenotípica para obter uma elevada proteína do grão no trigo de primavera. Euphytica, 152: 117-

134.

DeReffye, P., T. Fourcaud, F. Blaise, D. Barthelemy e F. Houllier. 1997. Um modelo funcional do crescimento e da arquitetura das árvores, Silva Fenn., 31 (3): 297-311.

Della, A., D. Paraskeva-Hadjichambi e A.C. Hadjichambis.2006.An ethno botanical survey of wild edible plants ofPaphos and Larnaca countryside of Cyprus.J. Ethnobio.Ethnomed., 2: 34-39.

Depeiger, A., C. Goubely, A. Lenoir,S. Cocherel,G. Picard, M. Rayanl, F. Greltel eDelseny. 1995. Identificação do motivo de repetição mais representado nos loci *de Arabidopsis thalianamicrosatellite*. Theor. Appl. Genet., 91: 160-168.

Dholakia, B.B., J. S. S. Ammiraju, H. Singh,M. D. Lagu, M. S. Roder, V. S. Rao, H. S. Dhaliwal,P. K. Rajekar,V. S. Gupta e V.E. Web, 2008. Molecular marker analysis of kernal size and shape in bread wheat (Análise de marcadores moleculares do tamanho e forma do miolo do trigo para pão). Plant

Breed, 122: 392-395.

Dick, C.W., O.J. Hardy, F. A. Jones, e R. J. Petit. 2008. Escalas espaciais do fluxo genético mediado por pólen e sementes em árvores de florestas tropicais. Trop Plant Biol.,1:20-33.

Dick, D.M., L. Bierut e A. Hinrichs.2008.The role of GABRA2 in risk for conduct disorder and alcohol and drug dependence across developmental stages. Behavior Genetics, 36:577-590.

Donfack, H.J, R. T. Kengap, B. Ngameni, P. D. Chuisseu, A. N. Tchana, D.Buonocore, B. T. Ngadjui, P. F. Moundipaand e F. Marzatico2011. *FicuscordataThunb* (Moraceae) é uma fonte potencial de alguns compostos hepatoprotectores e antioxidantes. Pharmacologia,2(5): 137-145.

Dubois, J., M.G. Smith, G.E. Miles. 1956. Método de determinação dos açúcares totais. J. Agri. Food Chem., 23: 866-870.

Ender, M., K. Terpstrae J.D. Kelly. 2008. Seleção assistida por marcadores para resistência ao bolor branco no feijão comum. Mol. Breed., 21: 149-157.

Etkin, N. 1994.The cull of the wild.In Eating on the Wild Side: The Pharmacologic, ecologic, and social implications of using non cultigens.Editado por: Etkin NL. Tucson/Londres: University of Arizona Press: 1-21.

Feyissa T., H. Nybom, I. V. Bartish e M. Velander. 2007. Análise da diversidade genética na espécie arbórea tropical ameaçada de extinção (Hagenia abyssinica) utilizando marcadores ISSR. Genet. Resour. Crop. Evol.,54:947-958.

Frodin, G.D.2004. History and Concepts of Big Plant Genera Taxon (História e Conceitos dos Grandes Géneros de Plantas). Vol. 53, No. 3: pp. 753-776

Fufa, H., P. S. Baenziger, B.S. Beecher,I. Dweikat, R. A. Graybosch e K. M. Eskridge.

2005. Comparação das classificações fenotípicas e baseadas em marcadores moleculares do trigo vermelho duro de inverno. Euphytica, 145: 133-146.

Galvan, M. Z., B. Bornet, P. A. Balattiand e M. Branchard. 2003. O marcador Inter simple sequencerepeat (ISSR) como ferramenta para a avaliação da diversidade genética e da origem do pool genético do feijão comum (*Phaseolus vulgaris* L.). Euphytica,132 (3): 297-301.

Gebhardt, C., A. Ballvora, B. Walkemeier, P. Oberhagemann e K. Schuler. 2004. Avaliação do potencial genético em colecções de germoplasma de plantas cultivadas através da associação de caraterísticas marcadas: um estudo de caso para batatas com variação quantitativa de resistência ao míldio tardio e tipo de maturação. Mol. Breed., 13: 93-102.

Gilani, S.A., R. A. Qureshi e S.J. Gilani. 2006. IndigenousUses of Some Important Ethno medicinal Herbs of Ayubia National Park, Abbottabad, Pakistan. Ethnobot. Leaflets, 10: 285-293.

Giraldo, E., M. A. Viruel, M. Lopez-Corrales e I.J. Hormaza. 2005.Caracterização e transferibilidade inter-específica de microssatélites no figo comum (*Ficus carica* L.). J. Hortic. Sci. Biotechnol., 80:217-224.

Gomes, F. A, J. G. Oliveira, A. P. Viana, e A. P. O. Siqueira,2010. Marcadores moleculares RAPD e descritores morfológicos na avaliação da diversidade genética da goiabeira (*Psidium guajava* L.).Ata Sci. Agron.32: 627-633.

Goodman, R.M., S. Speer, K. Mcleroy. 1998. Identificar e definir as dimensões da capacidade comunitária para fornecer uma base de medição. Educação para a saúde e

Behavior, 25:258 -278.

Gopalan, C., B. V. R. Shastri e S. C. Balsubramanian. 1985. Nutritive Value ofIndian Foods, National Institute of Nutrition (NIN), Relatório Técnico, Indian Council of Investigação Médica, Hyderabad, Índia.

Guasmi, F., A. Ferchichi, K. Fares e L. Touil 2006. Identificação e diferenciação de cultivares *de Ficus carica* L. utilizando marcadores de repetição de sequências inter-simples. Afri. J. Biotech, 5(15): 1370-1374.

Gul, F., Z. Khan e I. Afzal.2012.Rastreio do conhecimento indígena de remédios à base de plantas para doenças de pele entre as comunidades locais do Noroeste do Punjab, Paquistão. Pak. J. Bot., 44(5): 1609-1616.

Halle, F., R. A. A. Oldeman e P.B. Tomlinson.1978.Tropical trees and forests.An architectural analysis, Springer-Verlag, New-York.

Hamayun, M. 2005. Studies on Ethnobotany, Conservation and Plant Diversity of Utror and Garbal Valleys District Swat, Pakistan. Tese de doutoramento Departamento de Ciências Vegetais, Universidade Quaid-IAzam, Islamabad, Paquistão

Hamrick, J. L. e M. J. V. Godt. 1996. Effects on history traits on genetic diversity in plant species. Philosophical transactions of the Royal Society of London, Series B, 351: 1291-1298.

Hamrick, J. L. e M. J.V. Godt. 1989. Allozyme diversity in plant species. Plant Population Genetics Breeding and Genetic Resources (eds Brown A.H.D, Clegg M.T., Kahler A.L. Weir, B.S) pp:33-63.

Harrison, R.D., 2005. Figsand the diversity of tropical rainforests.Bioscience, 55: 10531064.

Hazrat, A., M. Nisar, J. Shah e S. Ahmad. 2011. Estudo etnobotânico de algumas plantas de elite pertencentes a Dir, vale de Kohistan, Khyber Pukhtunkhwa, Paquistão. Pak. J.Bot., 43(2): 787-795.

Hedrick. U. P. 1972. Sturtevant's Edible Plants of the World, Dover Publications ISBN 0486-20459-6.

Hegazy1, A. K., S. L. Al-Rowaily, M. Faisal1, A. A. Alatar, M. I. El-Bana e A. M. A.Saeed. 2013. Valor nutritivo e atividade antioxidante de alguns frutos silvestres comestíveis no Médio Oriente. J. medi.plant research,7(15):.938-946.

Heywood,V. e M. Skoula. 1999. A Rede MEDUSA: Conservação e utilização sustentável das plantas silvestres da região mediterrânica. In: J. Janick (ed.), Perspectives onNew Crops and New Uses. P 148-151. Alexandria, VA:ASHSPress.

Hidetoshi I., H. Nogata, K. Hirashima, M. Awamura e T. Nakahara. 2008. Análise da diversidade genética entre variedades europeias e asiáticas de figo *(Ficus carica* L.) utilizando marcadores ISSR, RAPD e SSR. Investigação Genética e Evolução das Culturas 56:201-209.

Higa, M., S. Yogi e K. Hokama. 1987. Estudos sobre os constituintes de *Ficusmiceocarpa*

L. F. I. Triterpenoids from the leaves. Boletim da Faculdade de Ciências, Universidade de Ryukyus, 44: 75-86.

Hussain, J.F., U. Khan, R. Ullah, Z. Muhammad, N. Rehman, Z.K. Shinwari, I.U. Khan, M. Zohaib, I. Din e S.M.Hussain. 2011. Avaliação de nutrientes e análise elementar de quatro plantas medicinais selecionadas de Khyber PakhtoonKhwa, Paquistão. Pak. J. Bot., 43(1): 427-434.

Hussain, K., A. Shahzad e S.Z. Hussnain. 2008. AnEthnobotanical survey of important wild Medicinal plantsof Hattar District Haripur, Pakistan. Ethnobot. Leaflets, 12:29-35.

Hutchinson, J., J. M Dalziel e J.W. R. Keay. 1958. Flora of WestTropical Africa, segunda edição. Crown Agents, Londres.

Ikegami, H., H. Nogata, K. Hirashimae M. Awamura2009. Análise da diversidade genética entre variedades europeias e asiáticas de figo (*FicuscaricaL.*) utilizando marcadores ISSR, RAPD e SSR.Genetic. Genetic Res. Crop.Evol.,56: 201-209.

Janzen, D. H. 1979. How to be a fig.Annual Review of Ecology and Systematic, 10: 1351.

Jodha, N.S., M. Banskota e T. Partap, 1992.Sustainable Mountain Agriculture, vol.1 New Dehli: ICMOD e IBH Oxford Publishing Co. Pvt. Ltd. 2-5.

Joshi, P. e V.Dhawan, 2007. Assessment of genetic fidelity of micro propagated *Sweteriachirayita* plantlets by ISSR marker assat. Biol. Plant., 51:22-26.

Kallio, H., B. Yang, P. Peippo,R. Tahvonen e R.Pan, 2002.Triacilgliceróis, glicerofosfolípidos, tocoferóis e tocoterienóis em Sea buckthorn (*H.*

rhamnoides L. ssp. *Sinensis* e ssp. *Mongolica*) bagas e sementes. J.Agri. Alimentação Chem., 50: 3004-3009.

Kallio, H., Y. Bauro, R. Tahvon e M. Hakala, 1999. Composição de bagas de espinheiro marítimo de várias origens. Actas do Workshop Internacional sobre espinheiro marítimo. Beijing 1999.

Kar, P.K., P. P. Srivastava, A. K. Awashti e S.R Urs, 2008. Variabilidade genética e associação de marcadores ISSR com algumas caraterísticas bioquímicas em recursos genéticos de amoreira (*Morus* spp.) disponíveis na Índia. Tree Genet.Geno.,4: 75-83.

Khadari, B., I. Hochu, S. Santoni, A. Oukabli, M.Ater, J. P. Roger e F. Kjellberg.2003. Whichmolecular markers are best suited to identify Figcultivars: A comparison of RAPD, ISSR andmicrosatellite markers. Ata.Horticulturae, 605: 69-75.

Khadari, B., A. Oukabli, M. Ater e A. Mamouni2004.Molecular characterization of Moroccan Fig germplasm using intersimple sequence repeat and simple sequence repeat markers to establish a reference collection.Hort. Science,40: 29-32.

Khadari, B., C. Grout, S. Santoni e F. Kjellberg. 2005. Contrasted geneticdiversity and differentiation among Mediterranean populationsof *Ficus carica* L.: a study using mtDNA RFLP. Genet.Resour.Crop.Evol., 52:97-109.

Khadari, B., I. Hochu, S. Santoni e F. Kjellberg. 2001. Identificação e caraterização de *loci* de microssatélites no figo comum (*FicuscaricaL.*) e espécies representativas do género Ficus. Mol. Ecol. Notes,1: 191-193.

Khan e A. Dad. 2009. Plano de ação para o desenvolvimento da agricultura de NWFP no âmbito do objetivo de segurança alimentar mundial (Governo de NWFP).

Khan, M. 2010.Biological activity and Phytochemical Study of selected Medicinal Plants. Tese (Doutoramento) do Departamento de Ciências Vegetais da Universidade Quaid-i-Azam de Islamabad.

Kiran Y. K., M. A. Khan, R. Niamat, M.Munir, H. Fazal, P. Mazari, N. Seema, T. Bashir, A. Kanwal e S. N. Ahmed.2011.Element content analysis of plants of genus *Ficususing* atomic absorption spectrometer Afr. J. Pharma.and Pharmacol., vol. 5(3): 317-321.

Kirtikar, R. e D. Basu. 1935. Indian medicinal plants international book distributor, 111: 23-27.

Kitajima, J., K. Kimizuka e Y. Tanaka. 1999. Novos triterpenóides acetilados do tipo dammarano e seus compostos relacionados do fruto *de Ficus pumila*. Chem. Pharm. Bull, 47: 1138-1140.

Knol, J. e G. Ejeta. 2008. Seleção assistida por marcadores para tolerância ao frio no início da estação no sorgo: Validação de QTLs em populações e ambientes. Theor. App.

Gene, 116: 541-553.

Kojima, T., T. Nagaoka, K. Noda e Y. Ogihara.1998.Genetic linkage map of ISSR and Marcadores RAPD em trigo Eikorn em relação aos marcadores RFLP. Teórica. Appl. Genet.,96: 37-45.

Konyalioglu, S., H. Saglamand e B.Kivcak. 2005. Teor de alfa-tocoferol, flavonóides e fenóis e atividade antioxidante das folhas de *Ficuscarica*. Pharm. Bio., 43(8): 683-686.

Kuo, Y. H. e Y. M. Chaiang. 2000. Seis novos triterpenos do tipo ursano e oleanano das raízes aéreas de *Ficusmicrocarpa.* Chem. Pharmaceut. Bulle., 48(5): 593-596.

Kuo, Y. H. e Y. C. Li. 1997. Constituinte da casca de *Ficus microcarpa* L. J. Chin. Chem. Soc., 44: 321-325.

Kuo, Y.-H.e Y. M. Chaiang. 1999. Cinco novos taraxastane-typetriterpenes das raízes aéreas de *Ficus microcarpa*. Chem.Pharm. Bull, 47: 498-500.

Kurth, W.1994.Morphological models of plant growth: possibilities and ecological relevance, Ecol. Modell., 75: 299-308.

Lansky, E.P., M. H. Paavilainen, D. A. Pawlus e A.R. Newman. 2008.*Ficus* spp. (Fig): Etnobotânica e potencial como agentes anticancerígenos e anti-inflamatórios. J. Ethno. Pharmacol., 119: 195-213.

Leian, P., P. Bordallo e V. Colova. 2005. Traçando o pedigree da uva Cynthiana por marcadores de microssatélites de DNA. Proc. Fla. State Hort. Soc., 118:200-204.

Li, Y. C. e Y. H. Kuo. 2000. Quatro novos compostos, ficusal, ficusesquilignana, b e *Ficusolidediacetato* do cerne de *Fiucs microcarpa*. Chem. Pharm. Bull, 48: 1862-1865.

Li, Y.C. e Y. H, Kuo. 1997. Duas novas isoflavonas da casca deFicus *microcarpa*. J. Nat. Prod., 60: 292-293.

Lovelss, M. D. e J. L. Hamrick. 1984. Determinantes ecológicos da estrutura genética em populações de plantas. Ann. Rev.in EcolandSystm., 15: 65-95.

Manandhar, N.P.1995. Um levantamento das plantas medicinais do distrito de Jajarkot, Nepal, J. Ethnopharmacology.48:1-6.

Maugham, P.J., A.M. Saghai, R.G. Buss e M.G. Huestis. 1996. Amplified fragment length polymorphism (AFLP) in soybean: species diversity, inheritance, and near-isogenic line analysis. Theor. Appl. Genet, 93:392-401.

Maureira-Buttler, I.J., J. A. Udaal e T.C. Osborn. 2007.Analyis of multi parent population derived from two diverse alfalfa germplasm: test cross evaluations and phenotype-DNA associations. Theor.Appl.Genet., 115: 859-867.

Misra, S., R.K. Maikhuri, C.P. Kala, K.S. Rao e K.G.Saxena. 2008. Wild leafy vegetables: a study of theirsubsistence dietetic support to the inhabitantsof Nanda Devi Biosphere Reserve, India. J. Ethnobiol. Ethnobiol. Ethnomed., 4: 15.

Moller, M. e W. Spoor. 1993. Discriminação e identificação de espécies *de Lolium* e cultivares por eletroforese rápida SDS-PAG de proteínas de armazenamento de sementes. Ciência das Sementes. Technol., 21: 213-223.

Moon, H.S., J. S. Nicholson e S.R.Lewis.2008. Utilização de marcadores de microssatélites transferíveis *de Nicotiana tabacum* L. para a investigação da diversidade genética no género *Nicotiana.* Genoma, 51:547-599.

Morell, M. K., R. Peakhall, R. Appels, L. R. Preston e H. L. Lloyd. 1995. DNA profiling techniques for plant variety identification. Aust. J. Exp. Agr., 35: 807819.

Nagaoka, T. e Y. Ogihara. 1997. Aplicabilidade da sequência inter-simples

Polimorfismos de repetição em trigo para uso como marcadores de DNA em comparação com marcadores RFLP e RAPD.Theoretical and Applied Genetics, 94(5): 597-602.

Noumi, E.eFozi, F.L., 2003. Botânica etno-médica do tratamento da epilepsia na aldeia de fongo-tongo, província ocidental. Camarões.Pharm. Biol., 41: 330-339.

Palopoli, G.1990. Caracterização e identificação de variedades de oliveira da Tunísia por marcadores de microssatélites. Agricul.science, 112(113):23-26

Papdopoulou, K., C. Ehaliotis, M. Tourna, P. Kastanis, I. Karydis e Zervakis. 2002. Genetic relatedness among dioeciousFicus *carica* L. cultivars by randomly amplified polymorphic DNAanalysis, and evaluation of agronomic and morphological characters. Genetica, 114:183-194.

Pardo-de-Santayana, M., J. T ardıo, E. Blanco, A.M. Carvalho,J.J. Lastra, E. San Miguel e R. Morales. 2007.Conhecimento tradicional das plantas silvestres comestíveis utilizadas no noroeste da Península Ibérica (Espanha e Portugal): um estudo comparativo.

J. Ethnobiol. Ethnomed., 3: 27-29.

Parmar C. e M.K. Kaushal.1982.*Ficus palmata* in Wild Fruits.Kalyani Publishers, New Delhi, India.31-34.

Parsons, B.J., J. H. Newbury, M. T. Jackson e B.V. Ford Lloyd, 1997.Contrasting relações de diversidade genética são revelados em arroz (*Oryza sativa* L). usando diferentes tipos de marcadores. Mol. Breed., 3: 115-125.

Perez-Jimenez, M. B., Lopez, G. Dorado, A. P. Salva G. Guzman, e P. Hernandez. 2012. Análise da diversidade genética do sul de Espanha Figueira (*FicuscaricaL.*) e materiais de referência como uma ferramenta para a criação e conservação. Hereditas,149: 108-113.

Perttunen, J., R. Sievanen, E. Nikinmaa, H. Salminen, H. Saarenmaa e J. Vakeva.1996. Lignum: um modelo de árvore baseado nas unidades estruturais mais simples, Ann. Botany, 77: 87-98.

Pieroni A., S. Nebel, C. Quave, H. Munz e M. Heinrich. 2002. Ethnopharmacology of liakra: traditional weedy vegetablesof the Arbereshe of the Vulture area in southern Italy. J. Ethnopharmacol, 81: 165-185.

Pieroni A., S. Nebel, C. Quave, H. Munz e M. HeinrichGul F., Z.K. Shinwari e I. Afzal.2012.Screening ofIndigenous Knowledge of Herbal Remedies for SkinDiseases among Local Communities of North West Punjab.Pak. J. Bot., 44(5): 1609-1616.

Pimentel,D., M. McNair, L. Buck, M. Pimentel e J. Kamil.1997. O valor das florestas para a segurança alimentar mundial .Human Ecology,25(1): 91-120.

Poncet V., P. Hamon, J. Minier, C. Carasco, S. Hamon e Noirot 2004. SSR crossamplification and variation within coffe trees (*Coffea* spp.) Genome, 47:10711081.

Poumale P, J. Kengap, C. Tchouankeu, F. Keumedjio, H. Laatsch e B.T. Ngadjui2008. Tri terpenos pentacíclicos e outros constituintes de *Ficuscordata* (Moraceae).Z.Naturforsch. 63:1335-1338.

Powell, W., M. Morgante, C. Andre, M. Hanafey, J. Vogel, S. Tingey e A. Rafalski, 1996. A comparação de marcadores RFLP, RAPD, AFLP e SSR (microssatélites) para análise de germoplasma. Mol. Breeding, **2**:225-238.

Preparata, F. e R. Yeh. 1973. Introduction to Discrete Structures for Computer Science and Engineering, Addison-Wesley, Reading Menlo Park London.

Prevost, A. e M.J. Wilkinson, 1999. Um novo sistema de comparação de iniciadores de PCR aplicado à impressão digital ISSR de acessos de batata. Theor. Appl. Genet, 98:107-112.

Prusinkiewicz, P. 1998. Modelação da estrutura espacial e do desenvolvimento das plantas: uma revisão, Scientia Horticult., 74: 113-149.

Raun, e Li. Diaqiong. 2009, AFLP fingerprinting analysis of some cultivated varieties of Sea buckthorn (*Hippophae rhamnoides*) J. Gene., 4(3): 2005.

Reddy, M. P., N. Sarla e A.E. Siddiq.2002.Inter simple sequence repeat (ISSR) polymorphism and its application in plant breeding.Euphytica., 128: 9-17.

Richards, E. J. 1997. Preparação de ADN de plantas utilizando CTAB. In: Ausubel F, Brent R, Kingston RE,

Moore DD, Seidman JG, Smith JA, e Struhl K (eds), Short Protocol in Molecular Biology. Wiley. 2:10-211.

Rohlf, F. J. 1997. NTYSYS-pcnumerical taxonomy and multivariate analysis system, version 2.0.Exeter Publications, NY.Genetic Resources and Crop Evolution. 54(6): 1315-1326.

Room, P.M., L. Maillette e J. S. Hanan. 1994.Module and metamer dynamics and virtual plants, Adv. Ecol. Res., 25: 105-157.

Ross, J. K.1981. The radiation regim and the architecture of plant stands, Junk W. Pubs., The Hague, The Netherlands.

Rousi, A. e H. Aaulin, 1977. Teor de ácido ascórbico em relação à maturação dos frutos de seis clones de H. *rhamnoides* de pyharanta, SW. Finlândia. Ann. Agric. Fenn., (16): 8087.

Sabeen, M. e S. Ahmad.2009. Exploração da flora medicinal popular da cidade de Abbotaabad, Paquistão, Ethno botanical Leaflets, 13: 810-33.

Saini, R., V. Garg e K. Dangwal. 2012. Estudo comparativo de três frutos silvestres comestíveis de Uttarakhand para actividades antioxidantes, antiproliferativas e composição polifenólica. Inter. J. Pharma.and Bio Sciences, 3(4): 158-167.

Saklani, S. e S. Chandra. 2011. Atividade antimicrobiana, perfil nutricional e estudo quantitativo de diferentes fracções de *Ficus palmata*. International Research J. Plant Science , 2(11): 332-337.

Salhi-Hannachi, A., T. Mokhtar, Z. Salwa, H. Jihene, M. Messaoud, R. Abdel majid e M. Mohamed. 2004. Impressões digitais de repetições de sequências inter-simples para avaliar a diversidade genética no germoplasma de figo tunisino (*Ficus carica* L.). Genet. Resour. Crop.Evol., 51:269-275.

Salimath S. S., C.A. de Oliveira, D.I. Godwin e L.J. Bennetzen. 1995a. Avaliação das origens do genoma e da diversidade genética no género Eleusine com marcadores de ADN. Genoma., 38:757-763.

Salimath, S.S., C.S. Hiremath e N.H. Murthy.1995b. Padrões de diferenciação do genoma em espécies diplóides de Eleusine (Poaceae). Hereditas, 122:189-195.

Shah, A. H., S. D. Ahmed, K. Ishtiaque, F. Batool, H. Lutful e S. R. Pearce. 2009. Avaliação da relação filogenética entre o espinheiro marítimo (*Hippophaerhamnoides* spp. Turkestanica), ecótipos selvagens do Paquistão utilizando o polimorfismo de comprimento de fragmentos amplificados (AFLP). Pak. J. Bot., 41: 2419-2426.

Shah, A. H., S. D. Ahmed, S. M. Sabir, F. Batool, S. Arife I.Khaliq 2007.Avaliação bioquímica e nutricional do espinheiro-mar (*Hippophaerhamnoides* spp. Turkestanica) de diferentes locais do Paquistão. Pak. J. Bot., 39(6): 2059-2065.

Shaheen, H. e Z.K. Shinwari. 2012. Diversidade fito e riqueza endémica da vegetação do lago Karambar de Chitral, Hindukush- Himalayas. Pak. J. Bot., 44(1): 17-21.

Shanahan, M., G. S. Compton, S. So, R. Corlett.2001. Alimentação de figos por vertebrados frugívoros: Uma revisão global. Biol.Rev. 76:529-572.

Shinwari, Z. K. e M. Qaisar. 2011. Esforços de conservação e utilização sustentável de plantas medicinais do Paquistão. Pak. J. Bot., 43 (Edição Especial): 5-10.

Sinoquet, H., B. Adam, P. Rivet e C. Godin.1998. Interações entre luz e arquitetura vegetal numa nogueira agroflorestal, in: Fórum Agroflorestal, pp. 37-40.

Sinoquet, H., P. Rivet e C. Godin. 1997.Avaliação da arquitetura tridimensional das nogueiras com recurso à digitalização, Silva Fenn. 31(3):265-273.

Sirisha, N., M. Sreenivasulu, K. Sangeeta, C. Madhusudhana Chetty, 2010.Annamacharya College of Pharmacy. Propriedades antioxidantes de espécies de *Ficus*. New Boyanpalli, Rajampet, Kadapa (dist), Andhra Pradesh, Índia.

Smith, G.S., J. P. Curtis e C. M. Edwards. 1992. A Method for analysing plant Architecture as it relates to fruit quality using three-dimensional computer graphics, Ann. Botany, 70: 265-269.

Sreedar, R.V., L. Venkatachalam e N. Bhagyalakshmi 2007. Genetic fedelity of long term micropropagated shoot cultures of vannila (*vanilla planifoliaandrews*) as assessed by molecular markers. J. Biotechnol, 2:1007-1013.

Takenaka, A.1994. Um modelo de simulação do desenvolvimento da arquitetura das árvores baseado na resposta do crescimento ao ambiente luminoso local, J. Plant Res., 107: 321-330.

Thornley, J.H. M. e I. R. Johnson. 1990. Plant and Crop Modeling: a Mathematical Approach to Plant and Crop Physiology. Oxford University Press, Nova Iorque.

Tian, C., P. Nan, S. Suhua, C. Jiakuan e Y. Zhong 2004. Variação molecular em populações chinesas de três subespécies de (*Hippophaer hamnoides*).Bioche.Gene., 42: 259-266.

Tiwari, R., J.Venkata , A. Kumar, L. Chaudhary, , e A. Durgapal.2014.Taxonomia, distribuição e diversidade de Ficus palmata Forssk.subsp. Virgata (Roxb.) Browicz (Moraceae) na Índia. J. Threatened Taxa, 6(9): 6172-6185.

Turner, N. C. 1973.Stomatal behavior and water status of maize, sorghum, and tobacco under field conditions.Plant Physiol., 53:360-365.

Tyree, M. T. e F. W. Ewers. 1991. The hydraulic architecture of trees and other woody plants, New Phytolology, 119: 345-360.

Vijayan, K., C. V. Nair e S.N.Chatterjee. 2005. Caracterização molecular dos recursos genéticos de Mulbery nativos da Índia. Genet.Resou.Crop. Evo.,52: 77-86.

Waines, J. G. e P. Payne. 1987. Análise electroforética das subunidades de elevado peso molecular de *Triticum monococcum, T. urartu* e do Agenoma do trigo panificável. Theor. Appl. Genet., 74:71-76.

Weiblen, G.D.2002. Como ser uma vespa da figueira. Annu. Rev. Entomol., 47:299-330.

Welsh, J. e M. McClelland. 1991. Genomic fingerprinting using arbitrarily primed PCR and a matrix of pairwise combinations of primers. Nucleic Acids Res., 19: 5275-5279.

Wilde, F., V. Korzun, E. Ebmeyer, H. H. Giger, e T. Miedaner. 2007. Comparação do fenótipo e da seleção baseada em marcadores para a resistência ao míldio da fusariose e o teor de DON no trigo de primavera. Mol. Breed, 19:357-370.

Williams, J., A. Kubelik, K. Livak, J. Rafalski e S. Tingey. 1990. O polimorfismo do ADN amplificado por iniciadores arbitrários é útil como marcadores genéticos. Nucleic Acids Res., 18: 6531-6535.

Wolf, A. D. e C. P. Randle. 2001. Relações dentro e entre espécies do género holoparasitário *Hyobanche* (Orobanchaceae) inferidas a partir de padrões de bandas IS SR e sequências de nucleótidos. Systematic Bot., 26:120- 130.

Yao, Y. M. e P. M. A. Tigerstedt, 1992. Estudos enzimáticos da diversidade genética e evolução em Hippophae. Genet.Resou.Crop. Evo.,40: 153-164.

Yogesh, J., A. K. Joshi, N. Prasad e D. Juyal .2014.A review on *Ficus palmata*(Wild Himalayan Fig). J. Phytopharma, 3(5): 374-377.

Zietkiewicz, E., A. Rafalshi e D. Labuda. 1994. Genome fingerprinting by simple sequence repeat (SSR) - anchored polymerase chain reaction amplification, J. Genomics, 20: 176-183.

Zimmermann, M. H. 1978. Hydraulic architecture of some diffuse-porous trees, Canadian J. Botany. 56: 2286-2295.

Zinyama, L. M., T. Matiza e D.J. Campbell. 1990. The use ofwild foods during periods of food shortage in rural Zimbabwe. Ecol. Food.Nutri., 24: 251-265.

APÊNDICE

Ficus palmata planta inteira

Frutos não maduros de *Ficus palmata*

Frutos maduros de *Ficus palmata*

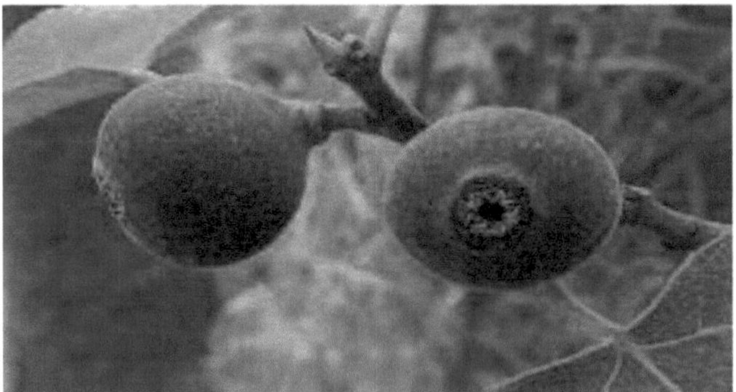

Galho de Ficus palmata

Printed by Books on Demand GmbH, Norderstedt / Germany